砖厂实用管理指南

郭金良　编著

中国建材工业出版社

图书在版编目（CIP）数据

砖厂实用管理指南/郭金良编著. — 北京：中国
建材工业出版社，2015.2
　ISBN 978-7-5160-1053-2

　Ⅰ.①砖… Ⅱ.①郭… Ⅲ.①砖瓦厂－管理－指南
Ⅳ.①TU522.08-62

中国版本图书馆 CIP 数据核字（2014）第 281690 号

内 容 简 介

　　本书系统地讲述了砖厂生产经营管理制度、安全技术管理制度两方面内容，详细地介绍了砖厂的生产线设备，在给生产工艺管理制度并结合原料成分、砖坯成型、码放、干燥、焙烧等工艺流程中常见问题和难题，给出指导性的解决办法和意见建议。

　　本书在内容上既有必要的理论阐述，也有实践经验的总结，可供相关领域的技术人员及管理人员参考。

砖厂实用管理指南

郭金良　编著

出版发行：中国建材工业出版社
地　　址：北京市海淀区三里河路 1 号
邮　　编：100044
经　　销：全国各地新华书店
印　　刷：北京鑫正大印刷有限公司
开　　本：710mm×1000mm　1/16
印　　张：12　彩插：1 印张
字　　数：180 千字
版　　次：2015 年 2 月第 1 版
印　　次：2015 年 2 月第 1 次
定　　价：**49.80 元**

本社网址：www.jccbs.com.cn　　微信公众号：zgjcgycbs
广告经营许可证号：京海工商广字第 8293 号
本书如出现印装质量问题，由我社营销部负责调换。联系电话：(010) 88386906

序

  由安徽省建材工业设计院科新墙材分院郭金良院长编著的《砖厂实用管理指南》的出版发行，对于加强砖瓦企业的内部管理，提升从业人员的技术素质，进一步促进行业加快结构调整、转型升级，将起到积极的促进作用。

  近年来，我国砖瓦会议在技术装备，产品品种和资源综合利用等方面都取得了显著的进步。但是由于砖瓦行业特别是产品生产企业，多数规模偏小，生产工艺落后，管理方式粗放，亟需从建章立制、生产工艺、生产设备、安全技术等方面强化管理。《砖厂实用管理指南》一书为企业在这方面提供了很好的借鉴和参考。

  砖瓦行业广大员工要以党的十八大精神为指导，坚持以科学发展观和加快转变经济发展方式为主题，站在整个建材工业的发展高度，坚持技术进步，坚持科学管理，进一步明确行业结构调整的定位，促进行业整体水平的提升，努力实现行业的科学发展。

中国砖瓦协会会长

前　言

　　《砖厂实用管理指南》是配合《砖厂实用建设指南》而编写的一本小册子。《建设指南》立足于砖厂"如何建"，《管理指南》立足于建厂后"如何管"。

　　《管理指南》突出实用，避免大话、套话、空话等繁文缛节，避免高深的原理、理论和公式数据，力求条理清晰、层次分明、文字简洁、便于查阅、易于"对号入座"指导实践。

　　全书分两大部分：

　　第一部分是建章建制。包括生产经营管理和安全技术管理两章。该部分主要针对砖厂建成后，行管人员需要做的人事管理、经营管理、现场管理、教育培训、安全技术管理、职业健康、节能环保以及岗位责任制和操作规程等制度方面的建设。

　　第二部分是生产线设备和生产工艺管理。位于本书的第三章和第四章。该部分主要针对砖厂投入试生产和正式生产期间，各岗位操作工、维修工面对生产线各系统所配置的设备，可能或经常出现的故障，提出针对性的维修处理办法和诀窍。同时，结合原料成分、砖坯成型、码放、干燥、焙烧等工艺流程中常见问题和难题，进行剖析，并提出指导性的解决办法和意见建议。

　　生产线设备管理维护和故障排除部分，通过外观效果实图和内部结构实图，配以准确、简短的说明文字，为维修工提供可靠的维修方案，能够达到"现用现查"之实效。同时，也可作为操作工、维修工日常的业务技术培训之教材。

　　《砖厂实用管理指南》崇尚并遵循武术中的"截拳道"之理念，她的编写和出版，旨在快速、高效、稳妥解决"人、机、环、管"等方面遇到的难题，以保障砖厂在前进道路上清洁发展、安全发展、良性发展。

郭金良

2015 年 1 月

目 录

理论前沿 ……………………………………………………………… 1

  制砖自动化是必然的发展方向 ………………………………… 1

  用理念和设计"坐胎"建设节能环保型砖厂 ………………… 5

第一章 生产经营管理 …………………………………………… 8

  第一节 人事管理制度 …………………………………………… 8

    一、机构设置 ………………………………………………… 8

    二、生产线人员配置 ………………………………………… 9

    三、点名考勤制度 …………………………………………… 9

    四、请销假制度 ……………………………………………… 11

    五、早会制度 ………………………………………………… 11

    六、班前班后会制度 ………………………………………… 12

    七、领导跟班制度 …………………………………………… 12

    八、管理人员 24 小时轮流值班制度 ……………………… 12

    九、管理人员、厂直人员请销假制度 ……………………… 13

    十、员工日常行为管理规定 ………………………………… 13

    十一、劳动纪律管理制度 …………………………………… 14

    十二、文明员工考核标准 …………………………………… 14

    十三、文明班组考核标准 …………………………………… 16

    十四、车间主任及班组长选拔和考核制度 ………………… 18

    十五、员工大会制度 ………………………………………… 19

  第二节 经营管理制度 …………………………………………… 20

    一、库存产品盘点制度 ……………………………………… 20

    二、产品销售工作制度 ……………………………………… 21

    三、工资、奖金分配制度 …………………………………… 25

  第三节 现场管理制度 …………………………………………… 26

    一、事故分析制度 …………………………………………… 26

二、"三违"查处制度 ················· 26

三、"三违"查处及考核标准 ············ 27

四、安全质量奖惩制度 ··············· 28

五、安全隐患排查制度 ··············· 32

六、安全隐患汇报处理程序 ············ 33

七、安全奖惩责任追究制度 ············ 34

八、工作岗点交接班制度 ············· 34

九、安全不放心人排查制度 ············ 35

十、特殊工种管理制度 ··············· 35

十一、文明生产作业制度 ············· 36

十二、停送电制度 ················· 37

十三、关于两分式停电工作牌的使用规定 ····· 39

十四、工作自检及纠正预防管理措施 ······· 40

十五、工程质量设备质量检查验收制度 ······ 40

十六、设备管理制度 ··············· 41

十七、机电设备管理、维护、保养制度 ······ 42

十八、机电设备维护、检修要点及周期参考细则 ·· 43

十九、机电设备维护保养包机责任制度 ······ 49

第四节 岗位责任制 ················· 50

一、厂长岗位责任制 ··············· 50

二、副厂长岗位责任制 ·············· 51

三、工程师岗位责任制 ·············· 52

四、事务员岗位责任制 ·············· 53

五、材料管理员岗位责任制 ············ 53

六、车间主任岗位责任制 ············· 54

七、班（组）长岗位责任制 ············ 55

第二章 安全技术管理 ················ 57

第一节 教育培训管理 ················ 57

一、员工培训考核制度 ·············· 57

二、业务技术培训制度 ·············· 58

　三、员工业余技术培训制度 ································· 59

　四、记录管理办法 ······································· 60

　五、文件资料管理制度 ··································· 61

第二节　安全技术管理 ·· 62

　一、规程措施管理制度 ··································· 62

　二、技术管理制度及执行标准 ····························· 63

　三、产品质量管理制度 ··································· 65

　四、产品质量过程控制管理规定 ··························· 66

　五、产品质量过程控制执行标准 ··························· 70

　六、生产安全事故处理应急预案 ··························· 73

　七、生产安全事故现场处置方案 ··························· 88

　八、破碎系统安全信号操作规定 ··························· 94

　九、成型系统设备操作要点 ······························· 95

　十、成品系统信号管理规定 ······························· 96

　十一、材料、配件及工具领用、保管及发放管理制度 ········· 97

　十二、特种设备管理制度 ································· 100

　十三、计量器具管理办法 ································· 100

　十四、计量器具使用管理制度 ····························· 101

　十五、油脂使用管理办法 ································· 102

　十六、乙炔、氧气的贮存使用管理办法 ····················· 103

　十七、压力容器安全管理制度 ····························· 104

　十八、消防安全管理规定 ································· 105

第三节　职业健康管理 ·· 106

　一、职业卫生管理制度 ··································· 106

　二、女员工保护制度 ····································· 108

第四节　环保和健康管理 ······································ 109

　一、质量/环境/职业安全健康管理体系内部运行指导书 ······· 109

　二、综合节能管理措施 ··································· 110

　三、固体废物管理办法 ··································· 111

　四、烟尘排放管理办法 ··································· 111

五、噪声治理措施 …………………………………………………… 112

六、废油管理办法 …………………………………………………… 112

七、油漆使用管理办法 ……………………………………………… 112

八、焊接中烟尘、电弧辐射防治办法 ……………………………… 113

九、配电室管理制度 ………………………………………………… 113

第五节　操作规程 ……………………………………………………… 114

一、装载机司机操作规程 …………………………………………… 114

二、制砖原料喂料工操作规程 ……………………………………… 115

三、锤破操作工操作规程 …………………………………………… 116

四、振动（滚筒）筛操作工操作规程 ……………………………… 117

五、一搅操作工操作规程 …………………………………………… 118

六、皮带机司机操作规程 …………………………………………… 119

七、制砖原料控制操作工操作规程 ………………………………… 120

八、多斗机操作工操作规程 ………………………………………… 121

九、二搅操作工操作规程 …………………………………………… 123

十、上搅操作工操作规程 …………………………………………… 124

十一、机口工操作规程 ……………………………………………… 125

十二、码坯工操作规程 ……………………………………………… 126

十三、制砖成型主控工操作规程 …………………………………… 127

十四、窑炉监控工操作规程 ………………………………………… 128

十五、砖坯装（出）窑工操作规程 ………………………………… 130

十六、机修工操作规程 ……………………………………………… 133

十七、配电工操作规程 ……………………………………………… 135

十八、电（气）焊工操作规程 ……………………………………… 137

十九、电气设备维修工操作规程 …………………………………… 139

二十、化学分析工操作规程 ………………………………………… 141

二十一、质检员操作规程 …………………………………………… 142

第三章　生产线设备管理 ……………………………………………… 144

第一节　破碎系统设备 ………………………………………………… 144

一、概述 ……………………………………………………………… 144

二、板式给料机 ·· 144

三、锤式破碎机 ·· 145

四、笼式破碎机 ·· 147

五、电磁振动筛 ·· 148

六、滚筒筛 ·· 149

七、皮带输送机 ·· 149

八、袋式除尘器 ·· 150

九、对辊式破碎机 ·· 151

第二节 成型及运转设备 ·· 153

一、概述 ·· 153

二、多斗机 ·· 153

三、单轴（双轴）搅拌机 ·· 154

四、上搅挤出机 ·· 156

五、真空挤砖机 ·· 158

六、空气压缩机 ·· 161

七、摆渡车 ·· 162

八、牵引机 ·· 163

九、离心式风机 ·· 165

十、脱硫除尘设备 ·· 168

十一、智能码坯机（机械手） ···································· 169

第四章 焙烧工艺管理 ·· 173

第一节 成型工艺 ·· 173

一、生产原料导致砖坯成型裂纹产生的原因及解决方法 ·········· 173

二、生产设备导致砖坯成型裂纹产生的原因及解决方法 ·········· 174

三、砖坯码放的方法和各自的特点 ······························ 174

四、码坯的原则 ·· 175

五、码放砖坯应注意的事项 ······································ 175

第二节 干燥工艺 ·· 175

一、砖坯干燥的原则和四季干燥曲线图 ·························· 175

二、砖坯干燥裂纹产生的原因及预防措施 ························ 176

　　三、砖坯干燥的四个过程 ·································· 177

　　四、干燥室发生塌坯的原因及预防措施 ·················· 177

　第三节　焙烧工艺 ·· 178

　　一、焙烧窑工作原理及合理烧成温度曲线图 ············· 178

　　二、焙烧窑倒垛的原因及预防措施 ····················· 178

　　三、高温点漂移的原因及解决办法 ····················· 179

　　四、焙烧窑内出现高温的处理方法 ····················· 179

　　五、焙烧窑内出现低温的处理方法 ····················· 179

　　六、排烟闸板的使用与调节方法及注意事项 ············· 180

　　七、调节排烟闸板时应注意的事项 ····················· 182

　　八、销售淡季怎么压火 ······························· 182

　　九、成品砖裂纹产生的原因及预防措施 ················· 183

　　十、欠火砖产生的原因及预防措施 ····················· 183

　　十一、成品砖过火产生的原因及预防措施 ··············· 184

　　十二、黑心砖产生的原因及预防措施 ··················· 184

　　十三、成品砖石灰爆裂的原因及预防措施 ··············· 184

　　十四、冬季如何提高砖坯合格率 ······················· 185

理 论 前 沿

制砖自动化是必然的发展方向

郭金良

摘 要：制砖实现自动化，是提高砖厂经济效益和社会效益的重要渠道，也是制砖行业培养专项人才、推动制砖设备和制砖生产工艺流程标准化所必需经历的过程，是制砖行业今后必然的发展方向。

主题词：自动化 科技 效益 发展方向

随着社会的不断发展前进，自动化技术已广泛应用到各个领域，急剧地改变着人类的思想观念、工作方式和生活方式。但是，就制砖行业而言，自动化技术的应用还相对落后，需要不断进行技术革新、规范行业标准、形成行业体系，以减少劳动力使用，满足环保节能要求，促进经济效益最大化。

一、实现制砖自动化带来的综合效益

企业综合效益包括两个方面：一是经济效益，二是社会效益。这两种效益的实现，取决于科技的应用、用工的减少、政策因素和优质的产品等方面。

因此，实现制砖自动化，是向科技要效益。虽然以自动化标准建设砖厂，前期会增加投入，但是要实现总成本降低，主要靠大量减少用工成本。

实现制砖自动化，能有效减少职工的体力劳动，降低劳动强度。当前，砖厂招收工人越来越难，就因为砖厂的大多数工种劳动强度大、工作环境差。减轻职工的劳动强度，降低工作环境中高温、噪声、有毒有害气体对人体的伤害，既是对社会的贡献，又是社会发展进步的充分体现。

实现制砖自动化，有利于社会清洁环保，减少自然环境污染。随着社会发展，所有企业都在向"资源节约型、环境友好型"企业转变，砖厂也不例外，作为建材企业，如果没有相当的规模和新科技产品（设备）的投入，很容易导致"二次污染"现象的出现。

实现制砖自动化，能够促进产品质量稳定，提高产品合格率，推动新产品的研发。自动化的实现，能更好地控制原料加水、砖坯成型质量、码坯质量、焙烧质量，同时能够减少卸装车过程中的产品损坏，从而提高产品合格率。

二、实现制砖自动化需要的前提条件

首先要做到理念先行。工欲善其事，必先利其器。在实现制砖自动化这项工作上，要牢固树立"建设科技领先，节能降耗，清洁环保，经济效益型砖厂"这一先进理念，只有方向正确了我们才能少走弯路，甚至不走弯路。只有在先进理念指导下建设起来的自动化制砖企业的出现，社会对砖厂原有的"黑砖厂""破坏环境""浪费耕地"等不良印象才会彻底改变。也只有理念正确了，我们所做的事业才真正有益于社会，造福于我们的子孙后代。而不是以浪费耕地、破坏环境为代价做剜肉补疮的蠢事。

其次，实现制砖自动化需要专业型的人才。现在砖瓦行业缺少的是高水平的设计专家、设备专家、工艺专家。大家认为砖瓦行业附加值比较低，很少有人愿意涉足，更不要说高水平的专家。砖瓦行业是一个庞大的社会群体，也是个庞大的就业群体，为社会主义建设、人民的生活水平提高做出了重大贡献。我们置身于"水泥森林"，这么多高楼大厦，各家各户住的房子，都没有离开砖瓦产品，但我们高校每年毕业的众多学子有多少是学习窑炉砖瓦工艺的？在制砖行业我们又有多少工程师，多少高级工程师？少之又少。我们呼吁能有更多的有志之士来从事砖瓦事业，为制砖自动化事业共同努力。

第三，实现制砖自动化需要有规范的标准。现在的制砖自动化设备（配件）基本上是一个设备厂家一个标准，砖厂的一些主要设备也大多都是非标设备，今天这样改，明天那样改，买配件都很困难。在制砖设备行业，亟需建立设备配件生产标准，只有"标件"的产生，才能推动制砖自动化工程有

序稳步推进。同时，还要有一个生产工艺流程（如，码坯）的规范，只有生产工艺流程规范了，"有章可循"了，才能更好地发挥"标准"设备的效能，才能促进从业人员技术素质的提升和人才的同席交流。

三、制砖自动化生产线如何建设

制砖自动化生产线的建设，是整个工程的核心，它既包括外因（客观的），也包括内因（主观的），两个方面需要综合考虑、协调解决。主要包括如下具体环节：

一是，原料热值配比自动化。原料热值的稳定是下一步实现焙烧工艺自动化的关键，也是确保产品质量的关键。如果原料热值不稳定，变来变去，不但窑炉温度很难控制，也很难烧出好的产品。而原料热值配比自动化设备的研制和使用，则可以实现恒定配比热值，为整个生产工艺从源头上提供保障。

二是，搅拌加水自动化。合格的含水量是原料陈化的关键，也是砖坯成型质量控制的关键。实现搅拌加水自动化，可以做到原料加水更稳定，更重要的是能减掉岗位操作人员，这个岗位确实有粉尘污染，非常损害职工身体健康。

三是，码坯自动化。自动码坯机最好做到简洁实用、维护方便、投资成本低、运行成本低。目前国内已有多个厂家在生产自动码坯机，价格从六十余万元到两百多万元不等。20万～30万元能不能买套自动码坯机？不是不可能，现在已经有企业在做，总之是要简洁实用。

四是，焙烧工艺自动化。有了稳定可靠的热值，焙烧的自动控制就不难实现。有许多小规模砖厂都配有专职烧窑的师傅，基本长期生活在窑顶上，工资是最高的，长期呼吸着有毒有害气体身体受到的危害也是最大的。实现焙烧工艺自动化后，只设一个监控操作室，职工看着仪表操作就可以了。同时，隧道窑进出车也通过该监控系统实现自动化，按一下程序按钮就完成了操作。

五是，卸装车自动化。即卸车和装车都要实现自动化。卸装车自动化能够很大程度地节省人力，能够更方便长途运输。国内已有设备厂家在做了，有的是打包装车做得很好,有的是卸车做的不错,不过投资都很大。如何让卸装车设备更简洁、更实用、更省钱、更能让市场认可,还需要进一步优化设计工艺。

实现制砖自动化是一个系统工程,需要一代砖瓦人的共同努力才能实现。只要有了目标,有了方向,有了飞速发展的科学技术做后盾,实现起来并不难,我们的企业只有跟上这个步伐,才会发展得更快、更强。

(原载《砖瓦》2013年第1期)

用理念和设计"坐胎"建设节能环保型砖厂

郭金良

1　前言

十八届三中全会提出："紧紧围绕建设美丽中国深化生态文明体制改革，加快建立生态文明制度，健全国土空间开发、资源节约利用、生态环境保护的体制机制，推动形成人与自然和谐发展现代化建设新格局。"2013 年 6 月 14 日国务院常务会议部署《大气污染防治十条措施》，刚刚闭幕的 2013 年中央经济工作会议针对雾霾天气将斥巨资进行治理，都表明国家对环境治理的决心。同时，因环境污染问题而被法办的企业，经常见诸报端和网络。因此，在建材行业，创建"资源节约型、环境友好型"企业，尤其"将制砖企业打造成节能环保型企业"这一历史使命，显得尤为突出和重要。

2　新建砖厂要牢固树立节能环保的理念

众所周知，多层、高层及民宅建筑承重墙材和充填墙材，主要由建筑墙体材料企业生产。国家及各省市"禁实"政策出台后，建材市场将逐步取缔黏土砖的生产，随之兴起的是新型墙材，以煤矸石、页岩、淤泥等为主要原料的烧结砖就是其中一种。许多新型烧结砖厂在建设和生产过程中，没有树立节能环保、清洁生产的理念，往往忽略国家环保政策和法律法规，导致在土地、电能、水能、燃料等方面造成浪费，在废气、粉尘、噪声、排渣等方面又形成了新的环境污染。

随着国家环境保护力度加大和城镇化建设步伐加快，一批环保不达标的砖厂必定淘汰，新建砖厂定会应运而生。新建砖厂在开工建设之前首先要申报环境评价报告。无论规模大小，都要先立项后建设，先环评后开工。砖厂选址要科学合理，尽可能远离居民区，这样容易通过环境评价，避免砖厂建成后带来一系列后遗症。同时要突出做好节能和环保的设计。设计一定要把节能环保、清洁生产考虑进去，以确保符合国家对节能环保和清洁生产的要求。有些刚投产的砖厂，整个工艺设计都比较不错，就因环保达不到要求，被勒令停产整改，既造成人力、物力、财力上重复投资的浪费，同时影响了企业的有序生产，令人惋惜。

3   新建砖厂节能环保设计的途径和方法

新建节能环保型砖厂，设计调研阶段就应将排烟脱硫、破碎系统除尘、节能（原料、燃料、水、电）、防止水污染等四个方面考虑进节能环保设计方案，立足于未雨绸缪，以保障建成投产后的砖厂经济效益和社会效益双丰收。

3.1   做好排烟脱硫的设计。要实现排烟脱硫，就要考虑便于安装脱硫设备，实现集中排烟。以前设计的窑炉大多是排烟和排潮分开，排烟可以进入脱硫设备，排潮就进入不了，而是直接排入大气中。排潮的风流来自焙烧窑窑炉的余热系统，风流进入干燥室对砖坯进行加热，此过程会释放少量有害气体，对环境仍然有危害。当前有一项新的设计可以使窑炉实现循环式通风：由排烟和抽余热通风系统经风机送入干燥室，实现砖坯干燥后再由风机全部排入脱硫设备，经脱硫除尘后排入大气。此项设计的优点：一是减少了风机，一条线配备两台风机就可以；二是只有一个排烟出口，其他为全封闭设计，无任何排烟污染。如果最初的设计没有把排烟除尘系统考虑进去，不具备安装脱硫设备的条件，待日后环境达标验收被勒令停产整顿改造时就非常困难了。随着全民环保意思的增强，砖厂只能冒白烟，绝不允许冒黑烟，否则便会成为"官查民纠"的反面典型。

3.2   做好除尘的设计。主要是破碎系统除尘，现在砖厂大多都是安装袋式除尘器，这是符合环保要求的。但更为先进的设计理念是"源头治理，不要跑尘"。"无尘"便不需要去"除尘"。一是锤式破碎机是跑尘的中心点，做好设备机体的有效密封是关键。上口一定要吸入式风流，下口要设计一个密封的给料口直接落入滚筒筛，这就实现了锤式破碎机全封闭。二是滚筒筛也是重要跑尘点。北京某设备厂家的做法值得借鉴：滚筒筛实现全部封闭，再把锤式破碎机和滚筒筛的连接点密封好就可以了。如果出现微量跑尘，还可以把滚筒筛设计到地下，就彻底消除了污染。三是一搅的除尘可以在皮带机落料点加装喷雾装置，实现喷雾降尘。这些都不需要太多的资金投入，而且建成投产后，可以节约大量的运行成本。

3.3 做好节能的设计。砖厂节能也是个大课题，毕竟节能就是创效。砖厂节能主要是两个方面。一是节电，节电首先要简化设计工艺，减掉一台设备就能节约一部分电耗。如：有的把箱式给料机安装到搅拌机上面，直接给二搅供料，节省了一条皮带；锤式破碎机下料口直接给滚筒筛供料，也是节省一条皮带；回料皮带直接平行安装在上料皮带一侧，用溜槽代替转接皮带等，这些都是可以的。其次是减少高耗电的设备，能使用变频调速的一定要使用变频调速。比如，皮带用变频调速不光能节电，还能用变频调速控制速度和料量，非常方便。二是节煤，节煤途径在于降低热值。低热值能烧出好产品就是效益。这方面要大力提倡发展小型隧道窑，因为窑炉的断面越大所消耗的热值越高，这是个基本的定律。6.9m 以上的隧道窑热值基本都要 400kcal 以上，有的全煤矸石原料要 500kcal 以上。而 3.6m 的隧道窑热值三百多千卡就可以了。主要是小窑型断面小，热值消耗量少，加上通风风道和窑墙大多都是连体设计，又增加了保温效果，热值自然就会降低。

3.4 解决好水污染问题。砖厂水污染解决起来较为容易，做到污水循环利用，不外排就可以了。污染水主要来自脱硫除尘设备，一般都是采用酸碱喷淋稀释法，烟气通过脱硫设备喷淋稀释后把达标的气体排出。一般在水池里用水将石灰和碱匀兑，可以根据水池里的水量经常补水，但不要外溢，实现循环使用就可以了。其次是设备冷却需要水循环系统，大多砖厂是制作一个水箱进行循环，实现冷却，既节约用水又做到了污水不外排。

"理念"和"设计"，是确保新建砖厂实现节能环保型企业的前提和要件，二者缺一不可，只有理念和设计同步到位，才能确保你投资筹建的砖厂安全"坐胎"，健康孕育，和谐发展。

（原载《砖瓦世界》2014 年第 2 期）

第一章 生产经营管理

生产，是指以一定生产关系联系起来的人们利用工具改变劳动对象，以适合自身需要的过程。

生产管理，是对企业全部生产系统的管理，主要解决企业的生产技术经济活动同企业内部的人力、材料、设备、资金等资源取得动态平衡的问题。生产是经营的物质基础。企业的经营目标、经营决策、经营计划，都要通过生产活动和生产管理才能实现。生产管理必须以经营管理为先导。

经营，是指企业经济系统在适应外部环境和合理利用内部资源的前提下，为实现其预期目标而开展的各项经济活动；是企业经济系统的整体性活动，其目的是保证企业经济系统运动的合理性、协调性和有效性，以实现企业经济系统整体的经济目标；是包括经营目标、经营方针、经营思想、经营战略、经营计划等在内的供、产、销全过程的经济活动。

经营管理，是指对企业全部生产经营过程的管理，即包括对企业供、产、销全过程在内的生产经营活动的管理。主要内容有：制定经营战略与计划过程、产品开发过程、物资供应过程、产品制造过程、开发市场与销售过程、资金运动过程等六个方面。

每个企业在运转之前，都要建立一套经营管理制度，通过生产经营实践过程，再逐步健全生产经营管理制度。例如：人事管理制度、工资管理制度、统计报表制度等。

本章从人事管理制度、经营管理制度、现场（生产）管理制度、岗位责任制等四个方面，对普通砖厂生产管理、经营管理中常见实务进行罗列和展示，供广大砖瓦企业同仁参考。

第一节 人事管理制度

一、机构设置

实行有效的管理，要求生产管理机构必须运用先进可行的计划和健全的组织，合理地选择和配置人员，实行正确的领导和指挥，建立有效的内部协调机制，依靠及时而准确的信息进行严密的控制，使企业的人、财、物和供、产、销实现最佳的配合，达到预期的目标。

企业本身是一个生产管理的总系统，其组成部分之间存在着互相关联、互相依赖、互相制约的关系。一般可设：

党支部：设党支部书记 1 人，支委 3～5 人（可由厂长、副厂长等兼任）。

厂　部：设厂长 1 人，副厂长 1～2 人，会计 1 人。

技术部：设技术主管 1 人，技术员 1～2 人。

销售部：设主任 1 人，销售员 2～3 人，发货员 2～3 人（可兼任）。

车　间：生产车间、维修车间，各设主任 1 人。

二、生产线人员配置

1. 一般性生产线人员配置

生产车间：原料破碎系统设铲车司机 1 人、破碎系统操作 1 人、一搅 1 人；成型系统设多斗挖掘机操作 1 人、二搅操作 1 人、上搅操作 1 人、机口操作 2 人、人工码坯 10 人；成品系统设窑炉运行操作 2 人、窑炉监控操作 1 人、成品卸砖可外包或运输人员直接装车。以上为每班次设置的人数，应按三八制配置人员。

维修车间：根据规模大小配机修工 4 人、电修工 2 人、电气焊工 1 人。

2. 全自动化生产线人员配置

生产车间：原料破碎系统设铲车司机 1 人、破碎系统操作 1 人；成型系统设多斗挖掘机操作 1 人、机口操作 1 人、自动码坯 1 人；成品系统设窑炉运行操作 1 人、窑炉监控操作 2 人、成品卸砖可外包或运输人员直接装车。以上为每班次设置的人数，应按三八制配置人员。

维修车间：根据规模大小配机修工 4 人、电修工 2 人、电气焊工 1 人。

此配置为窑炉断面 4.6m 至 6.9m 单线生产，可根据实际情况调整。

三、点名考勤制度

为加强管理，做好安全、生产、经营等各项管理工作，经厂领导班子研究，征求部分员工代表意见，制定本制度。

1. 按照规定时间上下班。大班、小班人员按全厂规定时间执行；大班按每天上午、下午的上下班时间按时点名；小班分为班前、班后两次点名；班中进行不定期查岗。

2. 不准迟到、早退。班前点名完毕后不到者即为迟到，班后点名不在者即为早退。迟到、早退一次罚款20元，当月累计三次除扣罚外按一天事假处理。迟到超过一小时，无任何请假手续，无特殊原因按旷班处理。班中抽查不在者一次罚款20元，当月累计三次除扣罚外按一天事假处理。

3. 不经过批准无故不出勤者按旷班处理。

4. 不准顶替点名、顶替上班。值班员点名时发现冒名顶替者不予点名，并对责任人通报批评。因当班不出勤而影响工作者，按旷班处理并写出检查追究责任，听候处理。值班员不负责任给冒名顶替者点名，取消该值班员点名资格，并写出检查，听候处理。为冒名顶替者安排工作任务的值班员，按违章指挥处理，写出检查，听候处理。员工对上述情况有检举权，厂给予检举人200元奖励。

5. 培训或外出培训学习，由个人在培训单位办理考勤介绍函，每月底提前两天交考勤员上报考勤，没有合格的考勤介绍函不予考勤，按事假处理，责任由学习者个人承担。

6. 外出借用人员，由所借用单位办理考勤介绍函，每月底提前两天交考勤员上报考勤，没有合格的考勤介绍函的不予做账，按事假处理，责任由被借用者个人承担。

7. 事假、病假、婚假、探亲假、产假、丧假等各种假条休假前需提前办理好请假手续。各类假条需点名前交考勤员考勤，没有任何请假手续或请假手续不合格者按旷班处理。

8. 严格考勤管理纪律。考勤负责人要认真负责，公平、公正、公开、透明。不徇私情，不虚报、漏报、瞒报，确保考勤准确无误。发现问题者通报批评，问题严重者，取消考勤员资格，给予责任追究。

9. 每月底前两天上报考勤，经分管领导签字后报主要领导审批。

四、请销假制度

1. 事假。需写出请假条，经车间主任签字后并于假期第一天点名前交考勤员考勤。无事假条又无不可抗力因素者按旷班处理。请假当天扣除当日工资，扣除当月当日平均奖金。请假超过三天者全月不得奖。

2. 病假。需提前到医院办理病假手续，经分管领导签字后并于假期第一天点名前交考勤员考勤。病假期间按相关规定支付病假工资。扣除当月当日平均奖金。病假超过五天者全月不得奖。

3. 婚假、探亲假、产假、丧假等。按有关规定执行，按时到相关部门办理请假手续，经分管领导签字后并于假期第一天点名前交考勤员考勤。假期期间的工资、奖金待遇按有关规定执行。

4. 法定节假日。按照有关规定结合工作需要留勤，留勤人员工资、奖金待遇按相关规定标准执行。

5. 旷班。旷班一天扣除当月全部奖金，旷班三天以上者写出检查，停班听候处理。处理意见领导班子共同研究后决定。

6. 以上各类假条审批。厂直属人员及车间主任由厂长审批，各车间员工请假由所在车间主任审批。

五、早会制度

1. 周一至周五，厂所有管理人员及各车间一名负责人参加，当班出勤的厂直属人员必须参加早会。

2. 每天早会点名时间为 8：00，会议由副厂长主持并点名。

3. 参加早会人员必须按时参加，不得迟到、早退，以合上点名册为准。否则按"文明员工"考核。

4. 交班人员汇报值班情况，将当日的安全生产完成情况汇报清楚，并安排布置需要完成的各项工作（包括检查验收等）。

5. 各车间汇报前一天工作量完成情况，并汇报需要厂协调解决的问题。

6. 参加早会人员要认真落实早会安排的各项工作。

7. 参加会议人员不得无故旷会，遇有特殊情况必须及时请假。

六、班前班后会制度

1. 各车间每班要按时召开班前、班后会，所有上岗人员必须参加班前、班后会。不参加班前会者不准上岗。

2. 会议由当班负责人主持召开，跟班领导参加。

3. 班前会要有会议记录，人人签名。

4. 班前会内容以现场安全生产为主。必须把现场的安全隐患、操作注意事项讲清楚；及时传达上级指示指令精神；安排当班生产任务；人员分工及注意事项等。

5. 对当班出现的事故，值班员要坚持"四不放过"（见 26 页）的原则，认真组织分析。

6. 班后会重点总结当班安全生产情况。

7. 会议期间全员要认真遵守会议纪律和会议规范。

七、领导跟班制度

1. 副厂长、厂部管理人员、车间主任、技术员要按照分管和直管范围参加跟班，原料系统、成型系统、成品系统每个班次应不少于一名领导跟班。

2. 跟班领导重点对安全管理、生产管理负责。

3. 跟班人员到现场，首先要熟悉现场情况，并对现场出现的问题及时落实解决，做到发现问题、解决问题，不给现场工作的员工留下安全隐患，有效地协调好生产，最大限度地满足生产需要。

4. 对现场出现的不规范作业行为进行制止、纠正、批评、考核。

5. 跟班人员对现场有监督管理职能，对当班出现的问题负相应责任。

6. 跟班人员要参加班前会，了解值班人员安排的重点工作。

八、管理人员 24 小时轮流值班制度

1. 管理人员坚持 24 小时轮流值班，严禁脱岗。

2. 接班时必须对前日情况进行全面了解，熟悉当日的安全生产状况，

并负责全面落实处理当日安全生产管理的一切事务。

3. 应全面掌握现场生产情况，对生产存在的问题及时进行安排。

4. 负责填写值班记录等相关登记。

5. 对当班出现的安全事故进行认真分析，写出事故分析报告。

6. 值班情况在早会上进行汇报，存在问题必须交待清楚，并布置好应急工作。

九、管理人员、厂直人员请销假制度

1. 严格执行好早会制度、24 小时值班、跟班盯岗等制度。

2. 管理人员特殊情况时要向厂主要领导请假，不得无故不出勤。

3. 厂直人员按照周五工作制休班，特殊情况时必须向分管厂长请假，无故不上班者按旷班处理。需要加班（如做账、发劳保、迎接检查）时，应及时到岗并做好各项工作。

4. 违反制度者按"文明员工"标准进行考核，情节严重者调离工作岗位。

十、员工日常行为管理规定

1. 自觉遵守国家法律、法规，自觉遵守各项规章制度。违反纪律、规定被罚款的，按有关规定落实责任人。

2. 听从领导、服从指挥，认真完成领导安排的各项工作任务。不服从工作安排的不再另行分配工作。领导安排的临时任务要按时完成。

3. 做文明员工。不讲粗话、脏话，不随地吐痰，不乱扔纸屑烟头，保持周边环境卫生清洁。同事之间要和睦相处，互相团结。

4. 班中不准喝酒。发现班中喝酒先停止其工作，按"三违"（违章作业、违章指挥、违反劳动纪律）处理。

5. 爱护公共财物，不准故意损坏。发现并查实损坏公物者，照价赔偿后列入"文明员工"考核。

6. 严禁偷盗公共财物。发现并查实后按有关规定落实处理。

7. 做好稳定工作，遵守信访条例。有问题先向厂领导反映，问题解决

不了的，由领导逐级反映。杜绝个人或集体越级上访，如有出现经查实写出检查听候处理。

十一、劳动纪律管理制度

1. 执行好厂的早会制度、班前班后会制度、交接班制度及其他关于劳动纪律方面的相关内容。

2. 执行八小时工作制，工作期间不得擅自离岗，不得做与工作无关的事情。

3. 严禁睡岗及从事娱乐活动等，上岗必须持有效证件。

4. 严格按劳动保护穿戴。

5. 听从指挥、服从分配，按时完成领导交给的各项任务。

十二、文明员工考核标准

文明员工的考核标准，共包括五个大类的奖惩兑现，即政治思想、遵法守纪、任务完成、安全质量、业务技术。兑现结果，做为评先树优参考。

1. 政治思想

(1) 积极拥护党的路线、方针、政策，爱党、爱厂、爱岗。

扣罚：①厂组织的文明创建活动每少参加一次罚款 20 元；②思想落后，有不文明言行罚款 20～40 元。

(2) 积极参加政治学习和政治培训。

扣罚：①政治学习每少参加一次罚款 10 元；②不参加政治培训一次罚款 20 元，迟到或早退一次罚款 20 元，旷课一次罚款 100 元，考试不及格者罚款 20 元。

(3) 热爱本职工作，工作积极主动出全勤。

扣罚：不安心本职工作，工作消极不主动罚款 10～50 元。

(4) 工作服从领导听从分配，不讨价还价。

扣罚：不听从指挥，工作讨价还价罚款 20～100 元。

2. 遵纪守法

(1) 严格遵守各项制度，自觉佩戴出入证，不穿裤头、背心、拖鞋上班，不迟到，不早退，做到有事请假。

扣罚：①不戴出入证，穿裤头、背心、拖鞋者或迟到或早退一次各罚款10元；②班中违反劳动纪律，干私活、带孩子等罚款30元；③考勤弄虚作假罚车间主任200元。

（2）自觉遵守国家法纪。

扣罚：①治安部门传讯罚款20～50元；②赌博、传阅黄色书刊和淫秽录相带、打架斗殴、酗酒闹事，受治安处罚，罚款50元；③受拘留以上处罚者，对责任人予以除名。

（3）爱护公物，团结同志，遵守社会公德。

扣罚：①损坏公用设施或私拿公共物品发现一次，并视其损坏程度和价值给予物品原值的1～3倍进行罚款；②因团结不好，出现纠纷，对责任人一次罚款20元。

（4）自觉使用文明用语不说脏话。

扣罚：①平常交往谈话不使用文明用语的罚款10元；②打电话时不使用文明用语罚款10元。

（5）自觉遵守员工职业道德规范，各工种必须熟记会背。

扣罚：①达不到熟记会背者罚款10元；②在工作中违犯者一次罚款20～50元。

（6）讲究卫生保护环境。

扣罚：①办公室达不到卫生标准罚款20元；②公共场合发现抽烟者一次罚款10元；③随地吐痰乱扔垃圾一次罚款10元；④破坏花草树木者发现一次罚款10元。

（7）移风易俗，不搞封建迷信。

扣罚：违犯国家有关规定一次罚款20元。

3. 任务完成

（1）按时按量完成厂交给的生产任务及值班领导临时交给的工作任务。

扣罚：不保质保量完成生产任务或临时任务的一次罚款20元；交接班不规范的一次罚款20元。

（2）充分利用工时，无浪费现象；节约回收有行动有效果。

扣罚：①工时利用不好，一次 10 元；②有浪费现象，节约回收无行动、无效果一次罚款 50 元。

4. 质量完成

（1）本人无"三违"、无事故、无工伤，做到安全生产。

扣罚：严重"三违"一次罚款 50 元，厂抓"三违"一次罚款 30 元，车间抓"三违"一次罚款 20 元；造成事故一次罚款 50～100 元；出现轻伤不影响工作罚款 10 元，影响工作罚款 50 元，较大失误后果严重罚款 100 元。

（2）工作质量符合质量标准。

扣罚：①上级检查不达标罚款 100 元；②厂检查不达标罚款 50 元。

（3）保持动态质量，问题整改及时。

扣罚：①动态质量不好一次罚款 20 元；②限期整改问题不及时处理罚款 50 元。

（4）积极参加安全活动。

扣罚：安全活动每少参加一次罚款 20 元；班长布置的特殊任务，不按时汇报一次罚款 20 元，汇报不及时、不准确一次罚款 10 元。

5. 业务技术

（1）积极参加各种业务技术培训和岗位练兵活动。

扣罚：①不参加业务技术培训罚款 30 元；②不参加岗位练兵活动罚款 20 元。

（2）努力钻研业务技术，熟练掌握质量标准，达到应知应会，能独立完成本职工作。

扣罚：①本职工作达不到应知应会罚款 20 元（学习熟练期不扣罚）。

十三、文明班组考核标准

为充分调动员工工作积极性，安全顺利完成工作任务，进一步深化精神文明建设，特制定本考核标准。考核兑现结果，做为评先树优参考。

1. 班组素质

（1）认真贯彻执行党的路线、方针、政策和上级文件指示。

（2）班组成员互相团结协作，按时参加厂组织的各类活动，一项达不到要求罚款 40 元。

（3）班组成员团结协作，勇于开展批评和自我批评，闹不团结罚款 10 元，主要责任人罚款 20 元。

（4）班组长遵章守纪，廉洁奉公，不遵守厂各项规章制度的一次罚款 10 元，有侵权违纪行为罚款 30 元。

2. 思想政治工作

（1）举办的各类人员培训班少一人次罚款 10 元。

（2）对后进员工结对子进行帮教，无措施无效果无记录，一项罚款 20 元，有措施无效果罚款 10 元。

（3）出现邪教习练人员，报上级公安机关。

（4）车间抓"三违"一人次罚款 10 元；厂抓"三违"一人次 50 元。

（5）认真做好员工保勤教育，提高劳动出勤，出勤率不均衡影响工作罚款 100 元。

（6）加班必须经厂同意，未经批准八小时内出现加班罚款 50 元。

（7）不准集体休班，违者一人次扣 10 元。

（8）班组出现旷工一人次罚款 50 元，隐瞒不报罚款 20 元。

（9）认真做好计划生育工作。①每季对本班（组）员工婚育状况进行一次调查摸底，并将情况向厂汇报达不到要求罚款 20 元。②计划生育"五率"达到规定要求，一项达不到罚款 20 元。

3. 队伍作风

（1）深入扎实开展文明班组、文明员工竞赛活动。①考核严格公正合理，资料齐全，一项达不到要求罚款 10 元。②每月将考核结果向员工公布，27 日前报厂，不公布罚款 10 元，拖交、迟交罚款 10 元。

（2）认真落实员工文明公约，严格执行岗位职业道德规范，杜绝违法犯罪现象。①不戴出入证，乱放自行车罚款 10 元。②卫生区、办公室、会议室、工作岗点卫生天天保持清洁，达不罚款 20 元。③违法犯罪逮捕一人次罚款 100 元；出现"六害"现象一人次罚款 30 元。④受行政处分一人次罚款 20 元，受经济罚款一人次罚款 20 元。⑤受传讯审查一人次罚款 20 元；发现打架斗殴或民事纠纷一人次罚款 20 元，经调解的一次罚款 30 元；车间内部调解，先骂人罚款 10 元，先动手打架罚款 20 元；威胁他人罚款 10 元。⑥违反文明公约及岗位职业道德规范的每条罚款 20 元。

4. 民主管理

（1）加强班组民主管理，维护员工的合法权益，坚持办事公开，增强工作的透明度。①对工作计划、考勤、工作标准考核、文明员工考核、违章违纪、罚款等重大问题，做到集体会议研究公开张贴上榜，一项达不到罚款 10 元。②认真推行全面质量管理，不实施罚款 20 元，不符合要求罚款 10 元。③办事公正、大公无私，发现弄虚作假不一视同仁，一次罚款 10 元。

（2）依靠员工办厂，发挥其聪明才智，广泛开展小改小革和提合理化建议活动。合理化建议每季每班两条，少一条罚款 10 元，上报不及时罚款 10 元。

（3）办事公正，大公无私，各种请假手续齐全，每日考勤及时填写，对于享受各种假期要提前办理手续。①请假手续不齐全一人次罚款 10 元。②发现考勤弄虚作假的罚款 20 元。③考勤不准确，报勤不及时一次罚款 10 元。

（4）各班各种记录齐全，符合要求。一项不符合要求罚款 10 元。

（5）班组长班后及时填写汇报记录和安全信息。一人次不汇报罚款 10 元。弄虚作假者罚款 10 元。填写不符合要求一人次罚款 5 元。

十四、车间主任及班组长选拔和考核制度

车间主任及班组长是"兵头将尾"，是厂安全生产经营等工作的执行者、落实者，是班组安全生产的第一责任人，在车间及班组内拥有指挥权、经济分配权和处罚权。车间主任及班组长的思想政治觉悟、文化水平、开拓创新意识、工作协调能力的高低直接影响到全厂安全生产的稳定、整体工作的发展。

1. 车间主任及班组长应具备的基本条件

（1）爱党、爱国、爱厂、爱岗，有无私奉献的精神。

（2）能够勤奋学习、刻苦钻研业务技术，并成为工作上的多面手。

（3）工作积极主动，不怕苦、脏、累、险，敢于担责，并出色完成各项任务。

（4）自觉遵守厂的各项规章制度，敢于同违章违纪的人员和现象作斗争。

（5）服从指挥，富有创新意识，对厂管理和现场存在问题能够提出建设性的意见和建议。

（6）关心员工疾苦，能够与群众打成一片，团结同志、顾全大局、不搞派性，在群众中具有较高的威信。

2. 培养选拔、考核方法

（1）厂领导要经常对现任车间主任进行考查，对思想觉悟高、工作能力强、作风扎实、群众威信高的给予表扬；对思想觉悟偏低、工作能力一般、作风浮飘、群众威信低的给予批评；要有针对性地进行谈话，过后工作仍无起色的要考虑予以免职。

（2）厂领导要对员工中思想觉悟较高、工作能力较强、能吃苦耐劳和群众威信较高的员工给予重点培养，合理安排岗位锻炼、参与管理。

（3）对培养相对成熟的员工拟意委以重任时，要组织员工进行测评，并采取差额选举的方法组织选拔。

（4）对选拔出来的车间主任、班组长，厂领导要给予政治上关心、工作上支持，确保其尽快成熟起来。

（5）对车间主任及班组长要坚持民主测评制度。连续三次测评较差票在50％以上，党政联席会要讨论是否予以免职。

（6）对管理人员实行文明干部考核，厂党政领导要亲自找其谈话、查找原因，督促整改。

（7）要加强对车间主任及班组长的学习培训，不断提高他们的综合素质。

十五、员工大会制度

1. 员工大会的职权

（1）听取和审议厂安全生产、销售经营、员工技术培训等重要工作实施方案的报告，提出意见和建议。

（2）讨论通过厂工资奖金分配方案，以及涉及员工切身利益的重要方案，并形成决议。

（3）讨论通过厂管理制度制定、修改、废除和奖惩办法。

（4）评议监督厂管理人员（包括厂长、副厂长、技术人员、车间主任），提出奖惩和任免的建议。

2. 员工代表大会的主要议程、时间、地点

员工代表大会的主要议题、时间、地点、列席会议人员要经常务会研究讨论，一般每半年召开一次。

3. 员工大会主持人

预备会议，一般由副厂长主持，其他议程由大会主席团成员主持。

4. 要求

（1）员工大会必须由应到会 2/3 以上人员参加方可召开，大会进行表决时参加选举的人数要超过到会人数的 4/5 方可进行。

（2）员工大会在其职权范围内决定的事项，非经员工大会同意不得修改。确需修改的由常委会负责，但要在下次员工大会上作说明。

（3）因实行"三八"制连续作业，召开员工大会时可分班进行。

第二节　经营管理制度

一、库存产品盘点制度

为加强产品管理，促进全厂产、销、存情况的监督，特制定本制度。

1. 对库存产品实行实地盘点制度，每月盘点一次。由于实地盘点要求严格，数字准确可靠，清查质量高，工作量大，要求成品系统事先按库存物资的实物形态进行科学码放，如五五排列、三三制码放等，以有助于提高清查的速度。

2. 每月 28 日（遇双休日提前 1～2 日），厂领导会同销售部对全厂当月库存产品进行实地盘点。盘点时，有关财产物资的保管人员必须在场，并参加盘点工作。对库存产品的盘点结果，应逐一如实地登记在"盘存单"上，并由参加盘点的人员和实物保管人员共同签章生效。"盘存单"是记录各项库存物资实存数量盘点的书面证明，也是财产清查工作的原始凭证。

3. 盘点完毕，将"盘存单"中所记录的实存数额与账面结存余额核对，

发现账实不符时，填制"实存账存对比表"，确定库存盘盈或盘亏的数额。库存账存对比表是调整账面记录的原始凭证，也是分析盈亏原因、明确经济责任的重要依据，应严肃认真地填报。对于盘亏物资，保管单位应及时分析原因，明确责任，并进行有效的调整。

4. 每月视盘点质量，对于参加盘点的业务人员给予一定奖励。

5. 盘点表格式：库存产品盘点表。

表 1-1 库存产品盘点表

项目	品种	数量	备注
1. 上月结存			
2. 本月生产			
其中：废品			
3. 本月销售			
4. 本月结存			
5. 累计结存			

参加盘点人员签名：

二、产品销售工作制度

1. 销售业务流程

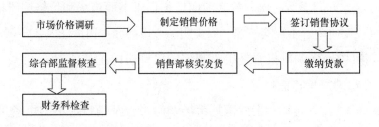

图 1-1 销售业务流程图

2. 产品销售工作管理职责

(1) 厂长负责销售工作的全面管理，负责组织研究制定销售计划和销售政策。

（2）成立销售工作领导小组：

组　　长：厂长

副组长：第一副厂长

成　　员：销售厂长、工程师、技术员、出纳等

（3）销售部责任分工：

① 主任：负责主持销售部全面工作。负责销售部日常工作的管理、市场调研、产品销售，负责货场的管理，成品质量验收，成品卸砖及发货，运输管理等全面工作。

② 副主任：协助主任做好销售部全面工作。

③ 销售员：主要负责产品销售工作，做好市场的调研开发，完成销售任务，协助做好产品发货及货场管理。

④ 发货员：负责产品发货及货场管理，负责销售货款和产品发货的账务管理。

⑤ 质量检查员：负责产品质量验收，产品发货及货场管理。

（4）会计：负责配合做好交款账目核实，结算等财务管理工作。

3. 市场价格调研制度

（1）市场价格调研要全面准确，实事求是，调研人员要认真负责。

（2）市场价格调研工作由销售部负责完成，参加调研人员不得少于两人，可以在开展市场销售工作的同时开展市场和价格调研工作。

（3）要求每月至少一次，月底前向厂长提供书面市场和价格调研报告，不按时上报或调研内容不翔实按照"双文明"考核标准扣罚责任人 20～50 元。

（4）市场价格调研报告是决策制定销售价格的主要依据。

4. 确定销售价格制度

（1）销售价格的制定主要依据市场调研报告及销售地市的市场价格行情来确定。

（2）市场销售价格的确定，根据市场调研情况由厂长组织召开领导班子会议集体研究确定，主要制定最低销售价格和区域销售指导价格。

（3）销售部根据最低出厂价格控制销售价格，力争高于此价格销售，不准低于该价格销售，区域指导价格在不低于最低出厂价格的前提下，产品可

以有 0.02 元（例）的浮动。

（4）特殊情况需要调整价格，销售部要及时向厂长汇报，由厂长组织领导班子会议共同研究确定，销售部不得违反规定随意调整销售价格。

（5）研究销售价格会议要有会议记录，参加会议人员要签字，价格调整要以书面通知形式下达到销售部。

（6）销售部要按照通知要求及时调整价格，不按照通知价格销售停止销售工作。

5. 签订销售合同或协议的规定

（1）销售合同或协议的签订由销售部负责，销售部主任有权代表厂长签订销售合同或协议。

（2）每批次货物销售都必须签订销售合同或协议，没有合同或协议的不准交款发货。

（3）法人单位购买批量较大时必须签订销售合同，个人购买可以签订销售协议。

（4）销售合同要按照国家规定的文本格式和内容签订，销售协议要明确销售价格、付款方式、数量、供货日期、到货接收人、运输方式、到货关系协调等相关内容要求。

（5）到货价格包含运费的要同时给承担运输单位签订运输协议，要明确运输价格、数量、时间、到货地点、交接验收等内容要求。

（6）签订的合同或协议要按批次货物发放票据一起存档。

6. 货款缴纳的规定

（1）根据合同或协议确定的价款总额缴纳货款。

（2）货款由购买人直接按照提供的账号将货款交工商银行。

（3）由厂财务开出收款凭证交销售部，销售部建立该客户的销售台账。

（4）无财务销售收款凭证，没有建立客户销售台账及监督台账不准发货，无收款凭据发货者追究责任人责任。

7. 货物发放的规定

（1）销售部负责产品发放工作。

（2）产品装运前要明确客户名称，发往地点并查清该客户的发货剩余数量。

（3）要告知运输客户产品发放的时间，装车及运输要求等事宜，要保持货场整洁。

（4）发货人员要认真负责，计量准确无误，如发现主观意识上的多发或少发货物现象，查实后扣除当月全部奖金并调离工作岗位，情节严重者分析处理。

（5）不合格产品不准发放。

（6）产品没有经过水浸透不准出厂。

（7）达到要求后开出发货单，一辆车跟一份发货单，一式五联（跟车交货签字回执、客户、运费结算、门卫、销售部留存）。

（8）发货单内容填写要清楚具体，客户单位姓名、发货时间、产品名称、车号、装车数量、运送地点、发货人签字、复查人签字等不得简写或缩写。

（9）运输人要明确产品接收人，产品送到后要接收人签字并将签字联交回销售部。

（10）产品发放后要及时填写销售台账，合计销售总量，明确剩余总量，为下批发货做好准备。

（11）本批次发货完毕后，把所有销售资料及凭证存档。

（12）违犯以上规定一次，酌情罚款 10～30 元，问题严重者加重处理。

8. 销售监督管理规定

（1）成立监督管理领导小组。组长：厂长；副组长：副厂长；成员：工程师、技术员及相关行管人员。

（2）没有发货单或发货单没按照要求填写的不准出厂，没有发货单放行的，门卫当班责任人扣除当月奖金并调离该工作岗位，情节严重分析处理，没按照要求填写发货单放行车辆的列入文明员工考核。

（3）门卫收取的票据当天下班前上交厂财务，少交一次扣罚当班人员每人 20 元。

（4）厂财务按照销售台账汇总核查。

（5）监督管理领导小组由组长或副组长不定期负责组织检查货物发放计量销售工作。

（6）每月底前组织一次销售账目检查，销售副厂长核查该月度全部销售账目，由综合部写出书面检查纪要并存档备查。

9. 质量验收制度

（1）工程师负责产品质量管理工作。

（2）销售部具体负责产品质量验收工作，按照出车数量每窑车都必须先验收后销售。

（3）产品验收工作依据国家标准验收，填写验收台账，产品分为合格品和不合格品，并明确不合格品的数量，不按要求验收或台账不齐全一次罚款30～50元。

（4）不合格品卸车时要单独存放，不准销售出厂。

（5）监控室每出一窑车产品针对质量情况进行一次质量分析，做好分析记录，发现质量问题及时汇报分管领导和技术部，不及时汇报列入考核。

（6）出现质量问题时，分管领导、技术部要组织分析，采取措施解决问题，保证产品质量。

三、工资、奖金分配制度

1. 工资分配制度

员工培训期间，在没有确定新的岗位之前，暂时执行原岗位工资标准，定岗后执行新的岗位工资标准。

2. 奖金分配制度

（1）奖金分配依据有关奖金分配政策。

（2）奖金分配体现按劳分配原则。

（3）管理人员奖金按有关规定执行。

（4）每月底由主要领导组织领导班子进行考核，考核依据是当月各项管理制度执行情况。考核结果及时张贴公布。

（5）生产后按制定新的分配系数执行。

第三节　现场管理制度

一、事故分析制度

1. 出现事故应及时汇报，坚持一事故一分析，组织分析不应超过 24 小时。

2. 由当天分管领导和值班人员组织分析，事故责任人、当事人、现场人员、目击者、车间主任、带班班长、组长等有关人员参加。

3. 事故分析要本着"四不放过"（事故原因不查清不放过、责任人员未处理不放过、整改措施未落实不放过、有关人员未受到教育不放过）的原则，认真调查研究，找出原因，落实责任，吸取教训，制订对策，防止同类事故发生。

4. 由事故分析主持人写出事故分析报告报给厂长。分析报告留存归档。

5. 建立事故分析记录，对事故的经过原因、责任及处理意见、采取的防范措施等，都要记录清楚。

6. 为吸取教训，要向员工剖析事故，指明发生的根源，应采取哪些措施等，举一反三对员工进行安全教育。

二、"三违"查处制度

为进一步加强安全管理，杜绝"三违"现象发生，使领导牢固按章指挥的意识，使员工牢固树立按章操作的意识，特制定本制度。

1. 厂领导班子成员每月下现场不得少于 15 次，每月查处"三违"不得少于 2 人次，并保证做到自身不"三违"。

2. 厂领导班子成员出现"三违"现象视情节轻重处于 100～500 元的罚款。

3. 车间主任每天对所辖工作范围进行隐患排查，未按时进行排查或在排查中敷衍了事的按一般"三违"进行处理。

4. 班组每天由班组长对所辖工作范围进行隐患排查，未按时进行排查或在排查中敷衍了事的对班组长按一般"三违"进行处理。

5. 每周五在全厂范围进行全面的安全质量标准化检查和隐患排查，检查完毕下达检查单，凡未对照检查整改单按期进行治理的，发现后对责任人按一般"三违"处理。

6. 全厂内部检查每发现一次严重"三违"对责任人罚款100元。

7. 厂检查时发现的"三违"对态度端正整改及时人员以批评教育为主，对"三违"认识态度不端正屡次发生的情况，每发现一次一般"三违"对责任人罚款10～50元。

8. 凡在上级各类检查中出现的一般"三违"和严重"三违"按有关规定执行，在执行罚款的同时全厂执行对等罚款。

9. 出现严重"三违"的人员在执行罚款的同时作为当月的安全不放心人进行排查和处理。

10. 全厂全部员工必须做到制度面前人人平等。

三、"三违"查处及考核标准

为控制和杜绝"三违"现象发生，结合厂具体工作实际，把人的不安全行为和物的不安全状态分成严重"三违"和一般"三违"，通过定期与不定期检查相结合的方式，每天对工作现场进行动态监督检查，确保实现安全生产。

表 1-2　"三违"查处及考核标准

严重"三违"	一般"三违"	处罚
1. 手持式电动工具不通过漏电保护；2. 不持证上岗；3. 不验电即进行电工操作；4. 停送高压电不穿绝缘靴，不戴绝缘手套；5. 高空作业不戴安全带；6. 在禁烟场所吸烟；7. 非特殊工种人员从事特殊作业；8. 超负荷起吊；9. 起吊的物品经过人的上方；10. 用铁丝起吊物品；11. 氧气、乙炔瓶距离不够；12. 焊割盛过易燃易爆物品的容器；13. 用砂轮不戴防护镜；14. 用砂轮时站在回转线之内的；15. 班中睡觉、娱乐；16. 酒后上班；17. 班中打架；18. 设备运行中操作者离开；19. 大型工程无措施施工；20. 明火熏烤气表；21. 不停电就进行维修或清理设备卫生的；22. 停电检修不悬挂停电牌；23. 没打信号开动设备的；24. 窑炉进车顶坏窑门；25. 窑炉进车时，出车端无人看护	1. 不按劳动保护穿戴；2. 班中脱岗；3. 班中干私活；4. 用手把持旋转物件；5. 登高无人扶梯子；6. 高空作业抛扔工具；7. 使用无柄工具；8. 电焊操作不戴电焊手套；9. 各类油乱倒乱放；10. 设备缺油；11. 下整改单没按时间处理；12. 停电检修悬挂停电牌不规范的；13. 窑炉进车时，摆渡车不在出车端的	1. 一般"三违"一次扣罚责任人30元，严重"三违"一次扣罚责任人100元。2. 被上级部门查处的，按有关规定执行

四、安全质量奖惩制度

为提高企业声誉，推动全厂安全发展、清洁发展、高效发展，经厂领导班子研究制定本制度。

1. 总则

（1）本制度所指的安全包括安全隐患的排查和安全事故的处理；质量包括生产工艺全过程泥料的生产、砖坯质量以及成品质量等。

（2）生产副厂长是全厂的安全、质量负责人，车间主任是本车间的安全、质量负责人，班组长是本班组的安全、质量负责人。全厂设现场安全管理组（负责全厂的安全隐患排查）和兼职质检员。

（3）现场安全管理组和质检员要尽心尽责，发现问题及时向车间主任和分管副厂长汇报，由分管副厂长与车间主任形成扣罚意见，下扣罚单。

2. 安全

（1）所有设备的转动部位必须按标准安装护罩、护网，且安全牢固，一项不合格罚所在车间 200 元。

（2）厂区内设备坑洞、碱液池等处必须安装护栏，且设立警示标志，一项不合格罚所在车间 200 元。

（3）配电室及重要岗点悬挂提示标语，不得允许其他岗点人员进入，一项不合格罚所在车间 200 元。

（4）维修设备及改造、新建工程施工，必须有措施，且相关人员学习后方可施工，发现一次不符合项，罚责任人 20 元。

（5）凡是需要信号联络的岗点，信号设施必须保持完好，严格按照信号的操作规定进行操作，不得不发信号就操作设备，发现一个不符合项，罚所在车间 200 元。

（6）所有人员必须及时参加厂及上级组织的培训和考试，持证上岗。不持证上岗者，一次罚款 20 元，罚所在车间一人次 200 元。

（7）非特殊工种人员不得从事特殊作业，发现一人次，罚责任人 40 元，罚所在车间 100 元。

（8）氧气、乙炔瓶间隔距离不够者，发现一次，罚责任人 20 元，罚所在车间 200 元。

（9）操作者在设备运行中离岗，发现一次，罚责任人 20 元，罚所在车间 200 元。

（10）不停电就进行维修或清理设备卫生的，发现一次罚责任人 40 元，罚所在车间 100 元。

（11）停电检修不悬挂停电牌，发现一次罚责任人 40 元，罚所在车间 100 元。

（12）窑炉进车时，出车端无人看护的，发现一次罚责任人 20 元，罚所在车间 200 元。

（13）不按劳动保护穿戴，发现一次罚责任人 10 元，罚所在车间 200 元。

（14）设备缺油，发现一次罚责任人 10 元，罚所在车间 200 元。

（15）下整改单没按时间处理，按"三违"处理。

对于采取技术革新，减少或完全避免安全事故隐患者，给予 100 元奖励。

3. 质量

1）厂部

① 工程师和技术员负责对员工进行质量标准培训，每季度一次，每少一次，罚责任人 20 元。

② 质检员每天统计每辆窑车的成品砖合格率和尺寸状况，以表格形式上报工程师，要严格认真，不得弄虚作假，不得迟交。每迟交一天，扣罚 10 元；对于弄虚作假，每发现一次，扣罚 50 元。

③ 发货员监督窑车卸砖码垛，成品砖出窑后要在 2 天内卸到货场，码垛要平稳、整齐，减少搬运过程中的成品砖损坏。一项不合格，罚责任人 10 元。

④ 化验分析工每天对原料系统取的料样进行化验以及陈化池内的泥料进行取样化验，当天将化验数据交至监控室和工程师，每迟一天，罚责任人 10 元。

2）原料系统

① 破碎原料必须满足砖坯正常生产，保证陈化时间至少 4 天，每影响一次罚责任班组 200 元。

② 破碎的矸石必须选用风化 10 个月以上的重介矸石，发现使用少于 10 个月的矸石，每次罚责任班组 100 元。

③ 严格按照掺配比例对原料均匀掺配，确保热值稳定。配出的原料热值与计算值不得相差 ±50J，每超 10J，罚车间 200 元。

④ 筛网更换：根据制砖要求，按照工程师指示更换网眼大小适合生产需要的振动筛筛网，组织生产。振动筛操作工要及时巡检振动筛工作状况，发现筛网破损时，要及时停机更换，不得让大于 3mm 的矸石进入陈化库。如发现大于 3mm 的矸石进入陈化库，罚车间 100 元。

⑤ 制砖原料喂料工要严格按照岗位责任制要求进行分拣矸石，确保石灰石含量符合制砖要求，每发现脱岗一次，按"三违"处理。如因石灰爆点造成成品砖不合格，罚车间 100 元。

⑥ 皮带机司机在生产原料之前（或中间换池前），皮带机司机需请示监控室原料入池号，填写入池记录，不得私自换池。每发现一次罚责任人 10 元。

⑦ 原料取样人员必须按要求取样，每发现一次达不到要求，罚责任人 10 元。

⑧ 一搅操作工严格按照生产要求对原料加水，每超过规定含水率正负一个百分点，罚责任人 10 元。

3）成型系统

① 每天坯车产量必须满足成品砖生产需要，不能影响正常进车。每影响一次，罚车间 100 元。

② 多斗机司机必须根据监控室人员指示选择吃料池号，不得私自操作，每发现一次，罚款 20 元。

③ 二搅操作工和上搅操作工配合加水，使泥料含水率在 10%～12% 之间，检测含水率每超过规定数值正负一个百分点，罚责任人 10 元。

④ 严格按照下发的机口尺寸调节机口，误差不得超过 1mm，每查出一

次，罚责任人 20 元。

⑤ 机口工要及时清除切条、切坯机的拖轮、钢丝上粘结的泥料，每发现一次粘结的泥块在 3mm 以上者，罚责任人 10 元。

⑥ 回坯工及时检查砖坯质量，发现硬度（真空度）不够、尺寸不合格的砖坯要及时回坯重搅，不得将不合格砖坯进入码坯线。在验收砖坯时，每发现不合格砖坯 3～5 块，罚责任人 10 元；5～10 块者，罚责任人 20 元；10 块以上者，罚责任人 50 元。

⑦ 码坯工要严格遵循"边密中稀，上密下稀"的码坯原则，保证砖坯上下垂直不歪斜，压槎均匀不偏心，坯垛四周立面要平整牢稳，通风孔前后对齐成一线。砖坯间距应控制在 3～4cm，砖坯压槎不得小于 3cm，每发现一处，考核数量扣 10 块。坯垛相对底部偏斜超过 3cm，每发现一处考核数量扣 5 块；发现坯垛上损坏的砖坯，每发现一块，考核数量扣 2 块。

4）成品系统

（1）窑炉监控工做好如下工作：

① 严格控制干燥、焙烧的温度和压力，使其符合制砖要求，其中，干燥室 4 号车位干燥温度不得低于 50℃，每低于 1℃，罚责任人 10 元。

② 焙烧窑最高温度控制在 995～1035℃之间，每超出范围 1℃，罚责任人 10 元，超出 5℃者，按严重事故进行分析处理。

③ 高温带应控制在 15～17 车位之间，不得造成前移或后移，否则按严重事故分析处理。

④ 在原料系统和成型系统生产时，及时指示池号和码坯方式，不得延误生产，否则，每发现一次，罚责任人 20 元。

⑤ 严格按照制砖标准进行验收监督等工作，不得敷衍懈怠，每发现一次，罚责任人 10 元。

⑥ 做好进出车和监控等相关记录，要认真仔细，每发现一处错误，罚责任人 10 元。

⑦ 每月对烧结工艺（包括成品砖数量、质量影响因素、闸板和风机的调节、干燥和焙烧温度压力等）进行总结，由组长汇总，24 号前上报工程师和分管领导。每迟一天，罚责任人 10 元。

（2）窑炉维护要做好窑车垫砖的摆放，要求垫砖摆放整齐，距窑墙尺寸统一，在 12～14cm 之间，不得超出范围，否则，罚责任人 20 元。及时清扫窑车，不得延误窑车正常使用，否则，罚责任人 20 元。

（3）货场卫生工要及时清理货场。卸入场地的砖，要当日用水浸透、浸完。对于从窑车上直接装车外拉的砖，要及时在车上浇水，不得影响销售外运。发现一次没有完成或不合格，罚责任人 20 元。

（4）对于及时发现、处理技术问题，避免一定的损失或提出合理化建议，比质量指标提高产品质量一个百分点以上者，一人次给予 50 元奖励。

五、安全隐患排查制度

1. 一般要求

（1）认真贯彻执行国家有关安全法律、法规和女员工特殊保护政策。

（2）成立以厂长为组长，副厂长、车间主任、班组长为成员的领导小组，每周组织有关人员对各车间、班组进行隐患排查，每月组织有关人员召开总结会，并部署下月排查工作。

（3）对现场查出的不安全隐患及时采取措施和下发整改通知单，督促整改并验收。

（4）对下发的整改通知单，不积极整改和不配合工作的与"双文明"考核挂钩。

（5）现场工作人员必须严格按劳动保护穿戴，按工种操作规程作业。

（6）各岗点工作现场作业人员必须持有效证件上岗。

（7）工作现场各种警示标识和标识牌齐全。

2. 排查办法

（1）岗位工上岗前，认真排查工作现场存在的安全隐患和问题，做好记录，及时处理。

（2）车间每周召开一次安全工作会议，排查隐患，做好记录，由车间主任负责落实整改，本车间不能解决的，由车间主任提交厂部。

（3）厂每月由厂长组织一次重大隐患排查会议，形成纪要，对重大问题，落实整改，做到措施、时间、单位、负责人、复查人"五落实"。

3. 有关规定

（1）岗位工不按要求自查或不做记录，一次罚 50 元；一项隐患未及时汇报处理，罚 100 元。

（2）不按期召开安全会议，对责任人一次罚 50 元。

（3）由于排查不到位或处理隐患不及时，被上级部门查出或造成生产事故，由本车间承担全部责任和处罚，并承担厂相应的处罚。

六、安全隐患汇报处理程序

1. 成立以厂长为组长，副厂长、工程师、车间主任及技术员为成员的领导小组，每周组织有关人员对各车间、班组进行隐患排查，做好相关记录。

2. 各车间班组每班对现场生产安全事故隐患进行排查和整改工作，并做好记录。

3. 厂部管理人员对各车间事故隐患进行排查，对于一般隐患，落实车间整改，领导小组成员验收。

4. 严格隐患汇报处理程序，班组排查的隐患落实相关责任人整改，统一由本班班组长验收，值班领导签字审查。

5. 各车间将班组生产安全事故隐患排查、治理、验收表，下班后交至车间主任督促落实，车间主任将当天的表格交至值班室。

6. 值班人员将班组隐患排查、治理、验收表和厂每天安全隐患排查表、验收表一起汇总，对事故隐患级别进行初步确认，确认为 C 级以上的隐患每月 22 日前上报上级相关部门。

7. 领导小组每周五对现场安全事故隐患进行集中排查，由值班人员落实相关车间整改，领导小组成员统一验收。

8. 确定为 C 级的生产安全事故隐患处理方案（措施）由厂技术员负责编制，上报工程师审查通过。

9. 对查出的隐患下发的整改通知，不积极整改和不配合工作的车间和个人与"双文明"考核挂钩。

七、安全奖惩责任追究制度

1. 严禁酒后上岗，上岗人员必须签字。

2. 各工种遵章操作、规范作业，杜绝"三违"，对"三违"人员按文明标准考核（包括内部"三违"、不规范作业人员）。

3. 对工作过程中出现的人身事故和机电运输事故厂按照文明标准考核。

4. 对因事故造成的经济损失，直接落实到车间。

5. 各种事故严格按照"四不放过"的原则处理，并对责任人进行相应的经济处罚。

6. 各车间班组按轮休划定互保联保小组，出现事故时除按有关规定执行外，将承担连带责任，并给予一定的经济处罚。

7. 对积极排查安全隐患，在事故抢险中有突出贡献的，厂将依照规定给予嘉奖。对提出合理化建议对安全管理确有成效的予以嘉奖。

8. 管理人员对分管范围内的安全工作负责，贯彻落实好一级对一级负责的原则。

9. 转变车间主任及班组长职能，主任重点抓安全，副主任重点抓生产。

八、工作岗点交接班制度

1. 接班人必须提前半小时到岗，交班人如遇接班人迟到，未经允许不准擅自离岗。

2. 设备运行中一律不准进行交接班，必须等设备停稳后才准交接。

3. 现场应交清以下内容：（1）设备、设施、信号等完好状况；（2）上一班次有关设备、设施运行情况及安全工作情况，认真填写好记录，清理好现场卫生；（3）当班有关注意事项。

4. 交班人如发现接班人有不正常精神状态应拒交；交班人交待不清当班情况或现场卫生不好，接班人应拒接，并汇报值班领导处理后方准交接。

5. 待一切正常后，交接双方在交接记录上签字，交班人方可离岗。

6. 凡违反交接班制度，不按时交接班，又未经领导批准的按违反劳动纪律纳入文明员工考核。

九、安全不放心人排查制度

1. 排查范围

以车间（班组）为基本单位，覆盖全厂员工。

2. 不放心人类别

班前喝酒、班中喝酒、班中生病、行为异常、情绪异常、家中变故。

3. 排查形式

当班值班领导和车间主任及班长在班前会排查一次，班中排查一次，排查情况签字报厂；厂每月集中开展一次"安全不放心人"的排查，排查情况要汇总登记清楚，并与排查出的"安全不放心人"签订帮教协议，落实切实可行的帮教措施。

4. 责任追究

（1）排查管理纳入"双文明"考核。

（2）车间主任、当班值班班长班前会不排查一次扣 50 元，扣除当天津贴的 50%，班中一次不排查罚款 20 元，扣除津贴的 15%。

（3）因存在不放心人发生一般"三违"及各类轻微事故，扣车间主任100 元。

（4）因排查不出的不放心人发生严重"三违"及各类重大事故，车间主任、班长当月不得分，扣除当月车间主任、班长全部津贴。

（5）排查出的不放心人不听车间主任安排的，交厂值班领导处理，拿出明确处理办法，值班领导不处理造成的后果由厂值班领导负责。

（6）排查情况纳入对各车间的月度考核。

十、特殊工种管理制度

本制度适用于特殊工种管理。本制度所指的特殊工种的范围为：企业内机动车辆驾驶、电工作业、金属焊接、切割作业、皮带机操作。

1. 特种作业人员应具备以下基本条件：（1）年龄满 18 岁，初中以上文化程度，身体健康，无妨碍从事相应工种作业的疾病和生理缺陷；（2）具备相应工种的安全技术知识，参加国家规定的安全技术理论和实际操作考核并成绩合格；（3）符合相应工种作业特点需要的其他条件。

2. 特殊工种人员必须持证上岗。在独立上岗作业前，必须进行与本工种相适应的、专门的安全技术理论学习和实践操作训练。

3. 技术部负责特殊工种人员的管理。建立特殊工种人员档案，并根据档案表下达培训计划。对下达计划不执行者与"双文明"考核挂钩。

4. 有下列情形之一的，其特种作业操作证作废：（1）未按规定接受复审或复审不合格的；（2）违章操作造成严重后果或违章操作达两次以上的；（3）经区级医院确认健康状况不适宜继续从事所规定的特种作业。

5. 离开特种作业岗位达6个月以上的特种作业人员，应重新进行实际操作考核，经确认合格后方可上岗作业。

6. 特种作业人员作业时必须安全操作，对于违章作业的，全厂将对其进行严格处罚。

十一、文明生产作业制度

1. 各车间班组分管范围内的工作岗点、办公室、会议室等公共场所都必须按本制度严格执行。

2. 凡有人工作的场所都必须坚持日清理卫生制度，做到文明生产，无杂物，无积水，无积尘，设备、工具摆放整齐。

3. 无人工作的地点、区域必须按分管范围定期清理，保持良好的卫生环境。达到无杂物，无淤泥，无积水，无丢失的材料、配件、产品等。

4. 设备坚持定期清理卫生，凡交接班的岗点或使用的设备，坚持日清理制度，谁使用谁管理。

5. 做到工作热情主动，工作语言不生硬，讲文明礼貌，积极完成生产任务。

6. 对文明生产执行情况采取日检查和旬检查相结合，查出的问题按工作标准考核。

7. 搞好日常环保节能工作，从节约一滴油一滴水做起。各种垃圾不准乱扔，要按规定排放各种废弃物。

十二、停送电制度

为保证厂区安全用电，确保人身和设备安全，规范停送电操作和工作程序，根据《电业安全工作规程》、供电单位有关要求和全厂实际情况，特制定本制度。

1. 严格管理，明确责任。

（1）全厂供电系统由专业电气维修人员管理、维护，相关人员必须经安全技术培训合格、持证上岗，熟悉本配电系统情况及用电设备负荷与分布，并具备相应的工作能力和技能。

（2）正常工作停送电必须由具有电气安全工作资质的技术人员、维修人员和本岗位操作人员进行操作，其他人员不得随意操作。

（3）保持完善的技术资料和必要的专业工具、仪表等工作器械。应具有与实际相符的供电系统图和用电负荷分配方案，并在使用过程中随着现场情况变化随时调整。

（4）加强高压箱式变压器配电亭的管理与维护，平时要加锁，开启检查维护实行登记制度，钥匙由厂值班室统一保管。无关人员不得进入。

（5）停送电作业必须按规定向有关领导请示、汇报，并提前通知相关工作岗位和人员。

2. 严格程序、规范操作。

（1）厂内高压停送电和箱变内低压开关柜停送电作业：

① 如需进行高压停送电作业时，必须由专人办理高压停送电工作票，经厂值班领导审查签字后填写停送电记录，到值班室领取箱变钥匙进行操作。

② 停电前要按照"先停设备，后停电源。先停分盘，后停总盘。先停真空断路器，后停隔离开关"的原则依次停掉相关用电设备电源。同时执行停送电挂牌制，严格执行厂《关于两分式停电工作牌的使用规定》，设立专人监护，高压开关操作符合电气安全工作规程的规定，一人操作、一人监护。无监护人与停送电工作票时不准进行操作。离开箱变工作时，箱变必须锁门，钥匙由工作人员随身携带，不得随意交给他人保管。工作完毕后，清

理好现场，锁好箱变门，将钥匙交回厂值班室，向值班领导汇报。

③ 在操作开关前，必须按照"手指口述"工作法复述一遍操作程序，对设备进行全面检查，确认无误时，方准进行操作。高压开关在手动操作时，必须戴绝缘手套，穿绝缘鞋，检验高压测电笔是否灵敏可靠。

④ 高压停电后，必须进行验电、放电、短路接地、挂停电牌。

⑤ 开关送电前，必须对相关设备及临时采取的安全措施进行全面检查，确认无误，方准操作。

⑥ 送电时必须按照"先送高压，后送低压。先送总盘，后送分盘。先停真空断路器，后停隔离开关"的原则进行依次送电。如有接线作业，必须对相关设备进行试运转检查电动机转向，防止反转。

⑦ 如需进行高压进线电源柜操作或者进行可能对上级供电网络造成影响的电气作业时，必须提前与供电部门、上级变电所联系，并按照有关规定履行相关工作程序，征得批准方准操作，工作完毕后或出现意外情况，必须及时通报。

（2）厂内主控室及各设备控制柜停送电作业：

① 如进行设备检修，需要对相关设备电源进行停送电作业时，必须先将待检修设备停止运转，并使其停止位置便于检修。有闭锁要求的必须进行可靠闭锁。

② 严格执行厂《关于两分式停电工作牌的使用规定》，正确使用两分式停电牌，并安排专人看守，防止误送电。

③ 检修设备时必须同时切断相关动力电源和控制电源，不仅要对待检修设备停电，还要对与其相关的上、下游设备进行停电或采取可靠的安全保证措施，确保检修工作安全。

④ 设备停电后必须使用测电笔或仪表进行检验，确认停电后，方可进入下一道工序。

⑤ 设备送电前必须进行全面检查，并明确提醒相关人员注意，然后方准送电。如有接线作业，必须对相关设备进行试运转检查电动机转向，防止反转。

⑥ 严禁带负荷操作隔离开关。不得违规操作空气断路器。

（3）设备故障断电或意外停电：

① 首先要查明停电原因，严禁盲目送电，严禁带电处理故障。如果机械设备处于不稳定平衡状态或没有卸载时，必须采取可靠措施，确保设备稳定和安全。

② 查找或排除故障时，要严格执行厂《关于两分式停电工作牌的使用规定》，正确使用两分式停电牌，并安排专人看守，防止误送电。

③ 在故障排除后或查明原因可以送电后，可以试送电一次，发现异常立即断电，不得再行试送电。

3. 未尽事宜严格按照《电业安全工作规程》和供电部门有关规定执行。

十三、关于两分式停电工作牌的使用规定

1. 为确保机电设备检修工作的停送电安全，厂统一使用专门制作的两分式停电工作牌，作为进行设备检修工作停送电专用警示、提示标识。所有工作人员必须严格遵守，规范使用，妥善保管。

2. 两分式停电工作牌由左右两半组成，长 200mm，宽 300mm，用绝缘性材料制作。左半印有"有人工作"，右半印有"禁止送电"，中间分别印有字母 A～Z 作为成对识别标志，沿中线分开。成对使用，不得互换。

3. 需要进行机电设备或机电系统检修以及其他施工需要停电时，必须由专人负责联系停送电。联系人在开工前到配电室向值班员说明本项工作的内容、时间、影响范围、需要进行停电及禁止运转设备等情况，请求停电。值班员根据工作情况确认可以停电施工后，按要求切断相关所有电源，带闭锁开关的将开关转到闭锁位置，将停电工作牌的"禁止送电"牌放在停电的电源开关上，将"有人工作"牌交给联系人。同时做好记录。

4. 联系人将"有人工作"牌带回工作现场，放在醒目位置。然后按照检修工作程序开始工作。

5. 当检修完毕或中间需要送电试运转时，在确认现场可以送电试运转后，联系人持"有人工作"牌到配电室向值班员请求送电。值班员将联系人带回的"有人工作"牌与放在相应开关上的"禁止送电"牌比对检查，确认

为同一组（中间的字母对合完整）后，进行送电操作，将停电工作牌收回保管，做好记录。

6. 如停电电源为无人值守的电源柜、盘，则由检修负责人安排专人停电挂牌，并在现场看管监护，保证施工安全。

7. 严格执行一项目一挂牌制度，严禁利用其他施工停电机会进行"搭车"作业。

十四、工作自检及纠正预防管理措施

1. 目的

为保证质量/环境/安全健康管理工作持续改进，及时纠正和预防工作中出现的不符合项，检查督促各项工作的完成情况，特制定本管理措施。

2. 使用范围

本措施适用于质量/环境/安全健康管理工作的自检及纠正预防工作。

3. 管理措施

（1）厂组织有关人员每季末对全厂质量/环境/安全健康管理工作进行一次自检，自检情况填写自检表，存档备查。

（2）对自检查出的问题，厂组织有关人员认真进行分析，找出原因，制定整改措施，并责成有关人员落实整改。

（3）厂接到上级下达的《不符合纠正预防通知单》后，应迅速组织有关人员分析原因，制定整改措施，安排人员落实整改。

（4）如能按期完成整改，填写好《不符合纠正预防通知单》报相关部门；如不能按期完成应将原因分析材料报相关部门。

（5）对工作中出现不符合与整改不力的岗点及有关人员，厂结合工作标准进行考核。

十五、工程质量设备质量检查验收制度

1. 每项工程完成后必须进行质量检查验收，经验收达不到质量标准者，按工作标准进行考核。

2. 当班完成的工程、检修完的设备由班组长组织验收，不认真验收，

按一次没完成任务考核。

3. 验收时查出的问题应立即整改，不能立即整改的应限期整改。限期不整改者，按工作标准考核并加倍扣罚。

4. 认真执行工程质量和设备质量检查验收制度。对制度的执行厂每旬抽查一次，每月进行一次工程质量、设备质量检查验收，对制度执行情况及质量问题纳入月度考核。

5. 各车间都要严格按质量标准施工，干标准活，上标准岗，确保工程质量和设备质量达到有关质量标准要求。

十六、设备管理制度

1. 为加强设备管理，提高生产技术装备水平和经济效益，保证安全生产和设备正常运行，根据我厂实际，制定本制度。

2. 设备的管理是为了保证设备的完好性，加强维护与计划性检修，依靠技术进步，进行设备更新与改造，坚持专业管理与群众管理，技术管理与经济管理相结合的原则。

3. 所有机械设备在进厂时要进行检查，应整体完整，有必要的图纸、产品合格证和使用说明书。对每台设备都要建档建卡，维护保养要有记录。

4. 设备的操作和维修人员必须严格遵守设备的操作和维修规程。

5. 所有机械设备的传动部分、转动部分都应有安全防护装置（如防护罩等）或其他隔离装置。除需要调节和维修外，不得随意拆除防护设备和安全装置，调节或维修以后，要立即恢复安全防护装置。

6. 按照国家的有关规定，加强对动力、起重、运输、仪表、仪器、压力容器等设备的维护、检查检测和预防性试验。

7. 运转设备在检查或清理前，应先停止运转，切断电源并挂上相应的标识牌，有专人监护方可进行工作。

8. 对于可能危害工人安全或导致火灾的高温设备应有适当的隔离装置。

9. 对于要提供安全通道的设备，应装上台板、梯子、扶手或围栏和挡脚板。为便于某些设备的操作，还要装置防滑板或平台。

10. 各种机械设备都只能在额定的负荷下负载工作，严禁超载运行。

11. 操作机械设备的人必须做到"三懂三会"（懂构造、懂原理、懂流程；会操作、会保养、会排除故障）。严禁未经培训独立上岗操作，特别是特种机械的操作工，必须持有劳动部门核发的操作证才能上岗操作。

12. 不同的机械设备和不同的工作场所、季节，对设备要采用不同的维护保养周期，使设备长期处于良好的状况中。

13. 材料管理员应按照备品配件储备定额要求，合理储备备品、配件。

14. 对由于设备管理不善，发生严重事故而影响安全生产的，根据情节对分管负责的有关人员追究责任。对玩忽职守，违章指挥，违反设备操作、使用、维护、检修规程，造成事故和直接经济损失的人员，根据情节轻重，分别追究经济和行政责任；构成犯罪的，由司法机关依法追究刑事责任。

十七、机电设备管理、维护、保养制度

1. 为认真贯彻执行上级有关机电设备管理规程及完好、检修和考核标准，扎实做好厂机电设备管理工作，动态保持在用设备的完好状态和工作性能，实现安全高效运转，有效保证生产需要，并合理延长使用期限，努力实现最佳效益，特制定本制度。

2. 根据机电设备维护保养和使用的工作特点，实行日常养护、维修及定期检查检修相结合、岗位操作人员与机电维修人员相结合的管理方式，以确保维护质量，提高工作效率，改善设备管理。

3. 机电设备的日常保养维护责任到人，实行包机制，挂牌留名。生产线设备由专人操作或看护的设备由所在岗位操作人员负责，其他设备由机电维修人员负责。主要从事卫生保持、动态检查、日常加油点注油等日常基本保养维护工作。发现异常现象及问题要及时向专业维修人员通报，并积极提出改进、完善设备结构、性能的意见、建议，主动协助维修人员做好设备检修维护工作。

4. 机电设备的定期检查检修，由各车间维修人员分片负责，实行包机负责制。如有突击抢修、集中检修等需要人员集中的任务由厂领导统一组织

协调。维修人员平时每日利用检修班对设备全面检查、维修，直到设备包机人正确养护设备，及时排除故障；定期对设备进行重点解体检查维修，及时掌握设备内部磨损、使用情况，按时按需对非日常注油部位的油池、油箱加油换油，及时更换、调整设备零部件，保持工况良好，努力避免发生机械事故，杜绝重大机电事故。

5. 机电设备的系统检修工作由厂部统一负责。根据设备的使用情况及生产经营情况合理确定设备检修周期，做好充分的人员、资金、材料、工艺等准备工作，合理计划、配置备品备件，统一组织设备大修和机电系统检修，保障机电安全。

6. 厂部和各生产车间都要高度重视机电设备的管理、维护和使用，落实责任、动态检查、严格考核，设备保养维护维修情况与经济收入挂钩，严禁设备带病作业和盲目蛮干，严禁在安全条件不具备的情况下强行开机生产，严禁在安全措施落实不到位的情况下检修设备。对于因保养维护及维修不到位和工作失误造成事故或影响生产的，严肃追究有关责任人员的责任。

7. 要积极实行并不断完善机电设备维护保养工作的规范、科学管理，建立健全技术资料和档案管理，按照上级有关标准要求做到微机管理和账簿、牌板管理互补共存，做到资料翔实，实现管理资料与设备实际情况动态一致。

8. 厂重视并不断加强和改进机电设备管理，将精细化管理原则落到实处，鼓励员工积极参与设备管理工作，大力开展技术革新活动，不断提高机电设备管理水平。

附：为加强现场的机电设备维护保养工作，现结合现场实际情况制定设备维护保养指导细则附后，供有关车间和人员参照实行。

十八、机电设备维护、检修要点及周期参考细则

基本日检维护内容：紧固螺栓、加油、检查更换易损件、皮带清扫器和卸料器工作可靠、检查机壳构件有无开焊或破裂等；检查电器、电缆绝缘情况、接线点牢固并接触良好、指示灯指示准确、按钮和开关动作可靠等。

1. 养护、维修、检修周期表

表 1-3　养护、维修、检修周期表

养护、维修、检修项目内容	一般周期	责任人员
设备卫生清理	一次/班	岗位操作人员或包机人
注油点加油及油杯加油	一次/班	岗位操作人员或包机人
更换简单易损件（钢丝、托滚等）	随时	岗位操作人员、包机人和值班维修
调整皮带清扫器和卸料器	随时	岗位操作人员、包机人和值班维修
油缸、气缸活塞杆和运动部位滑道	一次/班	岗位操作人员
检查液压站、减速器、轴承箱油箱油位和液压回路连接情况	一次/天	
检查液压站、减速器、轴承箱油箱油质，换油	一次/季	
检查、紧固转动、振动部位螺栓	一次/班	维修
检查、紧固固定部位和基础螺栓	一次/周	
检查笼式破碎机、更换转笼	一次/2 天	
检查锤式破碎机、更换、调整锤头	一次/周	
检查机壳构件有无开焊或破裂等现象	一次/天	
检查 20W 以上用电设备启动柜、动力电缆绝缘情况，紧固压线	一次/天	
检查低压开关柜、控制柜、操作箱电器、电缆绝缘情况，紧固压线	一次/周	
检查信号、指示灯、按钮和开关等外接部件	一次/天	
检查皮带、滚筒和托辊运行情况，及时纠偏	动态	
调整皮带运行状态，更换带病托辊和其他部件	一次/天	

2. 原料系统生产线设备日检表

表1-4　原料系统生产线设备日检表

设备名称	检查检修要点	备注
板给和原料仓	链板传输正常，结构无开焊	
2号皮带和除铁器	托滚转动良好、齐全，皮带不跑偏、无硬伤、不洒料	
锤式破碎机	传输带张紧适度，锤头及衬板磨损情况，电器及接点无过热	
5号皮带和除铁器	托滚转动良好、齐全，皮带不跑偏、无硬伤、不洒料，电磁铁无异响	
5a号皮带	托滚转动良好、齐全，皮带不跑偏、无硬伤、不洒料，卸料器及受料槽调节正确	
圆盘给料机	传输带张紧适度，转动无异常	
笼式破碎机	传输带张紧适度，锤笼及衬板磨损情况，电器及接点、电缆无过热	
8号笼破输出皮带	托滚转动良好、齐全，皮带不跑偏、无硬伤、不洒料，卸料器及受料槽调节正确	
9号a北大倾角皮带	托滚转动良好、齐全，皮带不跑偏、不洒料	
9号南大倾角皮带	托滚转动良好、齐全，皮带不跑偏、不洒料	
1号南振动筛组	筛网无破损，粉料器调节合适，紧固件无松动，出料口密封良好	
2号北振动筛组	筛网无破损，粉料器调节合适，紧固件无松动，出料口密封良好	
12号筛上料皮带	托滚转动良好、齐全，皮带不跑偏、无硬伤、不洒料	
13号大倾角皮带	托滚转动良好、齐全，皮带不跑偏、不洒料	
14号筛下料皮带	托滚转动良好、齐全，皮带不跑偏、无硬伤、不洒料	

续表

设备名称	检查检修要点	备注
一级单轴搅拌机	传输带张紧适度,搅刀紧固基磨损正常,离合器正常,电器及接点、电缆无过热	
一搅离合器压风机	油箱油位正常,压力继电器动作可靠	
16 号、17 号皮带	托滚转动良好、齐全,皮带不跑偏、不洒料	
18 号皮带	托滚转动良好、齐全,皮带不跑偏、不洒料,卸料器及受料槽调节正确	
除尘设施	传输带张紧适度,风机运转正常,压风机不缺油,输料器正常,电气及气动系统可靠	
照明、信号	灯亮、照射范围合适并固定牢固;声光信号灵敏可靠	
有待解决的问题或隐患		
检查检修人员签字		

车间负责人:　　　　　　　　　　　　　　　　　年　　月　　日

3. 成型系统生产线设备日检表

表 1-5　成型系统生产线设备日检表

设备名称	检查检修要点	备注
陈化库皮带	托滚转动良好、齐全,皮带不跑偏、无硬伤、不洒料	
多斗回料机	链条集料斗传输正常,结构无开焊,液压站油位及系统工作正常,行走正常,无异响,控制系统可靠	
箱式给料机	皮带及机构传输正常,结构无开焊,减速器不缺油	

续表

设备名称	检查检修要点	备注
二搅供料皮带	托滚转动良好、齐全，皮带不跑偏、无硬伤、不洒料	
二搅	传输带张紧适度，搅刀紧固及磨损正常，离合器正常，电器及接点、电缆无过热	
上搅供料皮带	托滚转动良好、齐全，皮带不跑偏、无硬伤、不洒料	
上搅	传输带张紧适度，搅刀紧固基磨损正常，离合器正常，电器及接点、电缆无过热	
挤砖机	传输带张紧适度，搅刀紧固基磨损正常，机口螺栓无松动，芯架位置准确，离合器正常，电器及接点、电缆无过热	
真空泵	油位正常、不渗油，真空度符合要求	
润滑泵	润滑液油位正常，油管连接可靠、不渗油	
切条机	运动部件移动正常，机械及气控系统工作正常，注油器油量充足，结构无变形、开焊，控制系统准确可靠	
切坯机	运动部件移动正常，机械及气控系统工作正常，结构无变形、开焊，控制系统准确可靠	
码坯皮带	托滚转动良好、齐全，皮带不跑偏、无硬伤、不洒料	
南北回坯皮带	托滚转动良好、齐全，皮带不跑偏、无硬伤、不洒料	
东西回坯皮带	托滚转动良好、齐全，皮带不跑偏、无硬伤、不洒料	
压风机	油位正常，气压调节、控制系统准确可靠，无异常振动和异响，风包无积水	
照明、信号	灯亮、照射范围合适并固定牢固；声光信号灵敏可靠	

续表

设备名称	检查检修要点	备注
有待解决的问题或隐患		
检查检修人员签字		

车间负责人：　　　　　　　　　　　　　　　　年　　月　　日

4. 成品系统生产线设备日检表

基本日检维护内容：紧固螺栓、加油、检查更换易损件、皮带清扫器和卸料器工作可靠、检查机壳构件有无开焊或破裂等；检查电器、电缆绝缘情况、接线点牢固并接触良好、指示灯指示准确、按钮和开关动作可靠等。

表1-6 成品系统生产线设备日检表

设备名称	检查检修要点	备注
摆渡车	液压站油位及定位系统工作正常，不渗油，行走正常，无异响，无变形，轨道及挡车器正常，控制系统可靠	
焙烧窑、干燥窑窑门	链条传动良好，门体和滑道启闭正常、无变形，密封条良好	
焙烧窑门风机	风机运转正常，无异常振动和异响，电机不缺油	
链条牵引机	链条传动良好，电机和减速器不缺油，不渗油，牵引车运行平稳，结构无变形，行程定位准确可靠	
焙烧窑炉底风机	风机运转正常，无异常振动和异响，电机不缺油，机坑无积水和杂物	
液压顶车机、步进机	液压站油位及系统工作正常，不渗油，机架运行平稳，结构无变形，机坑无积水和杂物，控制系统可靠，行程定位准确可靠	
焙烧窑排烟风机、排热风机	风机运转正常，无异响，无异常振动，轴承箱油位正常，冷却水正常，管道不漏风，变频控制系统准确可靠	

续表

设备名称	检查检修要点	备注
1号焙烧窑 1号管道泵	水泵运转正常，不渗水，无异常振动和异响，电机不缺油	
钢丝绳牵引机	链条传动良好，电机和减速器不缺油，不渗油，牵引车运行平稳，结构无变形，钢丝绳断丝不超过5%，无断股或硬伤变形，行程定位准确可靠	
干燥窑排潮风机	风机运转正常，无异常振动和异响，电机不缺油，传输带良好	
除硫设施		
水泵	水泵运转正常，不渗水，不漏气，无异常振动和异响，电机和轴承箱不缺油	
窑车	车轮轴承不缺油，转动灵活，金属结构无变形，垫砖无破损、无位移，密封填料充实	
有待解决的 问题或隐患		
检查检修 人员签字		

车间负责人：　　　　　　　　　　　　　　　年　　月　　日

十九、机电设备维护保养包机责任制度

为认真搞好机电设备维护保养，保持机电设备状态和性能动态完好，充分发挥设备效能，扎实搞好机电安全质量标准化建设，持续做好机电设备的现场管理工作，保证全厂安全生产，确保人身安全和设备安全，根据《设备管理规程》《机电设备完好标准》、安全质量标准化有关标准和全厂实际情况，制定本制度。

1. 全厂所有机电设备实行维护保养包机责任制，将其平时的检查维护、保养清洁工作层层落实，包机到人，挂牌留名，建立相应的包机责任考核记

录和设备使用维修管理档案。厂统一标准，规范管理，动态检查，严格考核。

2. 各车间主任、副主任、技术员对本车间所属设备及厂指定的其他设备负责，根据本车间实际，制定包机责任方案、实施办法并负责落实和检查考核。各车间制定的包机方案和办法报厂备案，如有调整及时汇报。

3. 所有设备均应明确包机责任人，一般情况下维护保养由熟悉该设备情况、具备一定维修技能的维修人员负责，设备日常卫生清洁可以由本工作岗位操作人员负责。对于难以界定的设备一律由维修人员负责。各车间要加强管理，做到动态保持高标准要求。

4. 包机责任人必须加强业务技术学习，熟悉掌握本设备相关的应知应会要求和维护操作技能，保持设备动态完好、各种保护灵敏可靠、设施完善、螺栓无松动、不缺油渗油、不漏水、不漏风、不漏电。保持设备清洁，周围环境卫生良好，做好相关记录。在检查过程中发现异常，应及时处理，避免造成事故。如需进行检修或遇到自身不能处理的情况，要及时向班长或车间主任汇报，车间统一安排。较重要的问题必须向厂有关领导汇报。

5. 全厂设备必须全部落实包机责任制，不得有责任死角，不得有漏人漏项，不得有推诿扯皮现象。如果包机人员因各种原因缺勤或不能履行包机责任，车间领导必须及时做好安排，防止出现空档，造成设备失修。

6. 对于落实包机责任不到位的车间、班组和个人按照有关工作考核标准严格考核，严肃批评。对于由此造成设备损坏或导致事故的进行严肃处理。

未尽事宜严格按照有关规定执行。

第四节　岗位责任制

一、厂长岗位责任制

1. 厂长是安全生产第一责任人，对全厂安全生产工作全面负责。严格执行国家和上级有关安全生产的方针、政策、法律、法规制度，对员工进行安全教育和培训。

2. 负责生产经营管理，监督各项规章、制度的制定实施。组织召开安全生产会议，及时传达上级指示精神，对生产经营做出正确决策。

3. 负责制定全厂中长期发展规划和年度工作安排。按照质量/环境/安全健康管理体系要求，以经济效益为中心，节支降耗，研发生产新产品，带领副厂长、技术员及全体员工，按时完成各项工作任务，不断推进企业发展。

4. 认真贯彻党的路线、方针、政策，做好全厂员工的思想政治工作，深入开展"三观"教育，强化信访工作，及时走访困难员工，排查安全不放心人，做好员工的稳定工作。

5. 负责安全管理。监督安全技术措施的实施和劳动保护使用情况，组织对安全事故的调查处理，落实"四不放过"原则，发生重大安全事故要直接向上级汇报。

6. 负责员工队伍建设。监督实施员工各项培训任务，丰富员工文化生活，不断提高员工素质。善于发现、培养和任用各种人才，充分发挥员工的积极性和创造性，达到各司其职，人尽其能。

7. 负责先进经验的总结和推广工作，积极开展群众性的革新活动，不断优化生产工艺，以改善劳动条件，降低生产成本，提高劳动效率。

8. 积极学习掌握安全生产、经营管理、市场营销等专业知识，不断加强自身建设。力求政治合格、作风优良、业务突出、素质过硬，做一个合格的企业管理者。

二、副厂长岗位责任制

1. 在厂长的领导下，对全厂的生产、经营负责，严格执行国家和上级有关安全生产的方针、政策、法律、法规，组织解决生产、经营中的具体问题，积极创造有利条件，按时完成或超额完成各项生产、经营任务。

2. 按照质量/环境/安全健康管理体系要求，协助厂长监督控制生产过程和产品质量，协同车间主任、技术员优化生产工艺，改善工作环境，及时发现处理不安全因素，确保安全生产。

3. 负责审核监督各项规章制度的制定、执行。按照质量/环境/安全健康管理体系要求，组织车间主任、技术员认真制定完善各项规章制度，并严格执行。

4. 认真做好分管工作，严格设备和产品质量管理，及时掌握各班组的生产进度，做好车间之间的工作协作，调节生产平衡，达到科学管理、文明生产。

5. 负责分管车间的生产管理及考核工作，严格设备管理，确保完好运行，同时，严格材料的使用和管理，大力开展节支降耗活动，提高经济效益。

6. 负责质量/环境/安全健康管理体系运行过程中的组织、协调、检查与考核工作，协助厂长实施质量/环境/安全健康管理方针，保证过程或行为符合规定要求。

7. 负责分管车间的安全管理工作，监督检查员工劳动保护措施落实情况，及时发现处理安全隐患，按照"四不放过"原则，对机械和人身事故及时分析处理。

8. 积极学习掌握安全生产、经营管理、市场营销等专业知识，不断加强自身建设，做一个合格的企业管理者。

三、工程师岗位责任制

1. 严格执行国家和上级有关安全生产的方针、政策、法律、法规、制度，在厂长领导下，对全厂的技术管理工作负责。

2. 熟悉掌握生产工艺和机电设备的技术规范、性能，按照质量、环境和安全健康标准要求，优化生产工艺，改善工作环境，维护员工安全，从技术方面提供支持。

3. 负责编审技术措施及质量/环境/安全健康管理体系文件；组织质量、环境意识与能力的培训；协助厂长做好体系的建立、审核工作，实施质量、环境、安全健康方针，保证目标的实现。

4. 负责员工的技术培训、业务学习和技术指导，不断提高员工的业务技术水平。

5. 负责机电、机械设备的技术资料管理，建立健全设备维修记录和运行记录档案。

6. 参加全厂质量安全检查，对查出的问题提出处理意见，巩固、提高设备完好率。

7. 积极学习政治理论和生产业务，不断加强自身建设，做一个合格的技术负责人。

8. 发现安全生产重大隐患时，负责及时提出处理办法，参与现场指挥处理，制定预防措施；参与机电设备、人身等各种事故的调查、分析、处理，负责统计、上报、制定防范措施，督促落实整改。对发生的安全事故负安全技术责任。

四、事务员岗位责任制

1. 严格执行国家和上级有关安全生产的方针政策、法律法规和管理制度，负责办公事务办理，及时完成领导安排的各项工作任务。

2. 负责厂部一般事务办理及办公用品、劳动防护用品的领取、发放和保管。

3. 按照工作需要及领导安排，负责制定办公、劳动防护用品的领取、发放计划，保证及时到位，不得影响正常工作。

4. 工作日要及时领取上级下发的各类文件，整理归类后，送交分管领导传阅。文件传阅学习后，做好相关记录，整理入档。

5. 关心全厂发展，关心员工工作和生活，在员工安全健康方面提出劳动保护用品改进建议。

6. 树立节约意识，监督办公用品使用情况，反对浪费现象，积极提出节约使用方面的合理化建议。

7. 积极参加安全、政治和业务学习，不断加强自身建设。

8. 自觉遵守各项管理制度，不迟到、早退；班中严禁睡岗、脱岗、串岗，不做与本职工作无关的事情。

9. 爱护办公设施，及时整理办公文件，保持室内卫生清洁，做到文明办公。

五、材料管理员岗位责任制

1. 服从领导，听从指挥，做好材料管理。

2. 负责对全厂所需材料的计划、验收、入库。

3. 对急用材料要抓紧落实，做到供应及时。

4. 对库存材料要摆放整齐、定置管理，并做到账、卡、物三对口。

5. 材料明细账要记录详细、一目了然，并认真做好月、季、年结，对换下的账页要妥善保管，存档备查。

6. 严格材料库的管理，外人不得随便入内。

7. 防火、防盗，配备足够灭火器材，下班前做好库房清洁工作，并仔细检查门窗是否上销落锁。

8. 严格材料发放制度。紧缺器材，非有关领导同意，不得发放。

9. 坚守岗位，非公务不得擅自脱岗。

六、车间主任岗位责任制

1. 严格执行国家和上级有关安全生产的方针政策、法律法规和管理制度，按照厂领导指示精神和安全生产要求，全面负责本车间（生产车间或维修车间，下同）的安全生产和员工的思想教育。

2. 负责组织本车间安全生产，根据生产需要，加强各系统的工作协作，组织员工按时完成各项生产任务。

3. 负责本车间员工思想教育和业务培训，组织员工学习、贯彻、执行全厂各项安全管理制度和安全技术文件，教育员工遵纪守法，按章作业，高效工作。

4. 负责本车间员工安全教育及新工人（包括实习生、代培人员）的岗位安全教育。认真组织车间安全活动，严格执行"班前讲安全、班中查隐患、班后做总结"的安全工作制度，不断强化员工安全思想意识，让"我要安全"成为员工的自觉意识和行为。

5. 对原料质量、砖坯质量、成品质量、维修质量负责，根据质量/环境/安全健康体系要求，保证生产过程控制或环境行为符合体系规定。

6. 负责本车间的安全隐患排查，发现不安全因素要及时组织力量消除并报告上级领导。发生事故要立即汇报上级领导，组织人员进行抢救，保护现场，安排做好详细记录。参加事故分析、调查、处理，落实防范措施。对发生的安全事故负安全管理责任。

7. 负责本车间内生产设备、安全装置、消防设施、防护器材和急救器具的监督检查工作，使其保持完好和正常运行，严防丢失被盗。督促教育员工合理使用劳动保护用具，正确使用灭火器材。

8. 加强安全质量标准化管理，保持车间现场整齐、清洁，达到科学管理，文明生产。

9. 积极学习政治理论和生产业务，不断加强自身建设，做一个合格的管理者。

七、班（组）长岗位责任制

1. 严格执行国家和上级有关安全生产的方针政策、法律法规和管理制度，按照厂领导指示精神和安全生产要求，全面负责本系统（原料、成型、成品、维修等，下同）班组的安全生产和员工的思想教育。

2. 负责组织本班组安全生产，根据生产需要，加强班组间的工作协作，组织员工按时完成各项生产任务。

3. 协助车间主任做好本班组员工学习培训，组织员工学习、贯彻、执行全厂各项安全管理制度和安全技术文件，教育员工遵纪守法、按章作业、稳定工作。

4. 协助车间主任做好员工安全教育及新工人（包括实习生、代培人员）的岗位安全教育。认真组织车间安全活动，严格执行"班前讲安全、班中查隐患、班后做总结"的安全工作制度。

5. 对本班组的工作质量（原料质量、砖坯质量、成品质量、维修质量等）负责，根据质量/环境/安全健康体系要求，保证生产过程控制或环境行为符合体系规定。

6. 负责本班组的安全隐患排查，发现不安全因素要及时组织力量消除并报告车间主任。发生事故要立即汇报车间主任和厂领导，组织人员进行抢救，保护现场，做好详细记录。对发生的安全事故负安全管理责任。

7. 作业时，负责本系统内生产设备、安全装置、消防设施、防护器材和急救器具的维护工作，使其保持完好和正常运行，严防丢失被盗。督促员工合理使用劳动保护用具,正确使用灭火器材。

8. 加强安全质量标准化管理,作业时,保持岗点工作现场整齐、清洁,文明生产。

9. 积极学习政治理论和生产业务,不断加强自身建设,做一个合格的管理者。

第二章　安全技术管理

第一节　教育培训管理

一、员工培训考核制度

为维护良好的生产工作秩序，提高工作效率，保证培训工作的顺利进行，以确保员工胜任本职工作，经领导班子研究，制定本制度。

1. 考核说明

（1）凡违反规定者，按相应考核标准进行扣罚；

（2）考核当月兑现。

2. 组织纪律及要求

（1）按照厂有关规定和培训车间规定按时上下班（课），迟到或早退者一次扣罚 50 元。

（2）上课期间严格遵守课堂纪律，尊重老师，维护课堂秩序。要认真听讲，不得扰乱课堂秩序。如出现交头接耳、玩手机、接打手机、随意进出教室、睡觉等行为，违反者一次扣罚 50 元。

（3）接受培训的员工要严格遵守厂规定的作息时间，不得随意离岗、脱岗，否则，查出后一次扣罚 100 元。

（4）严格执行请销假制度，不得旷课。旷课一次扣罚 100 元；旷课一天以上者全月不得奖，3 天以上者，经领导班子会议研究加重处理。

（5）除急诊外，病假须事先申请，且需持有正规医疗机构出具的病假条，班前经分管领导签字后交考勤领导。否则，视为旷课。

（6）事假须事前书面申请，经分管领导批准方可休假，否则，视为旷课。请假一天扣罚 100 元。

（7）员工请假期满，如不提前一天办理续假或办理续假未获批准，必须归岗。不按时到岗者，除确因不可抗力事件外，均以旷工（课）处理。当月出勤大月不满 18 天、小月不满 17 天按半奖支付奖金；大月不满 16 天、小月不满 15 天不得奖。

（8）培训期间，班（课）中不能做与工作无关的事（如接打手机、玩手机、炒股、推销、织毛衣、打扑克、下棋、看杂志小说等），发现一次，扣罚当事人 50 元。

（9）培训期间，中午（班中）不能饮酒，违反者，发现一次，扣罚当事人 30 元。

（10）班中严禁打架斗殴，违反者，扣罚当事人每人 100 元，责任人加重处理。

（11）服从领导、听从指挥、服从安排，认真按照厂部和车间领导的安排完成培训任务。

（12）认真学习、操作，每天认真做好学习记录，不能及时记录者，一次罚款 20 元。

（13）培训结束后，进行理论和操作考试，考试不合格者不能上岗，罚款 50 元并接受复训。

二、业务技术培训制度

1. 厂每年制定切合实际的业余培训和脱产培训规划，各车间必须按要求组织脱产培训人员参加培训。技术部负责组织实施。

2. 操作规程、安全技术措施的传达、贯彻、考试、签字由技术主管负全责，机电专业由机电技术人员负责落实，工程专业由工程技术人员负责落实。

3. 定期进行业务技术培训，包括完好标准、质量标准、检修标准、工作原理及处理办法等。

4. 参照以往发生的事故和操作规程的规定对现场的行为不规范问题进行培训，做到有的放矢。

5. 施工中，所有施工人员必须对安全技术措施进行学习签字，坚持一工程一措施的原则。

6. 新调入人员必须经过培训，否则不准上岗。

7. 脱产培训人员出现问题者，按文明标准考核到车间、到个人。

8. 各车间应按照要求将所有考试试卷签字确认后上交厂资料室统一归档保存。

三、员工业余技术培训制度

1. 培训宗旨

根据厂发展规划，将培训的目标与发展的目标紧密结合，围绕发展开展全员技术培训，搭建起学习型、知识型企业的平台。

2. 培训目的

（1）使新进员工掌握全厂规章制度、岗位职责、工作要领，尽快适应和能胜任本职工作。

（2）改进员工工作表现，强化责任意识、安全意识和质量意识。

（3）提升员工履行职责能力和主人翁责任感，端正工作态度，提高工作热情，培养团队合作精神，形成良好工作习惯。

（4）提高员工学习能力和知识水平，提升员工职业发展能力，为个人进步和企业发展创造良好环境和条件。

（5）提高企业综合素质，增强企业的竞争能力和持续发展能力。

3. 培训原则

依照上级要求，结合本厂实际情况，对本厂的各工种按照培训计划进行培训，达到理论和实践相结合。

4. 培训的组织

（1）员工培训工作在全厂统一布署下由技术部归口管理、统一规划，各车间班组组织实施，员工个人主动配合。分理论和实践两部分。全厂提倡和鼓励员工在提高专业知识、工作技能和综合素质方面进行自主学习。

（2）厂每年年底制定下一年度的培训计划。

（3）技术部根据全厂培训计划，明确培训内容、时间、授课人，并及时掌握培训需求动向，在全厂统一培训的基础上，适时合理地调整培训内容。

5. 培训种类和内容

1）新员工岗前培训

对新员工进行上岗前培训，包括基础理论知识和实际操作训练两部分。

（1）基础理论知识学习内容。

① 企业文化和制度，目的是使员工了解企业发展史，熟知企业宗旨、企业理念、企业精神和经营范围；学习和掌握企业行政管理制度、业务工作制度和道德行为规范；了解全厂环境。

② 岗位培训，对新员工拟任岗位进行针对性的专业培训，使其熟悉岗位职责、业务知识、日常工作流程、工作要求及操作要领。

（2）实际操作训练。主要由优秀老员工按照"传、帮、带"原则，通过运用和实践，巩固提高专业技能。

培训后进行考核，分为理论考核和实践考核，考核合格后方可上岗，对于补考不合格者，不予录用。

2）在职员工的培训

岗位培训是对在职人员进行岗位知识、专业技能、规章制度、操作规程的培训，丰富和更新专业知识，提高操作水平，边学习边操作边提高。

6. 培训方法

（1）以自办为主，外请为辅，相对集中的办法进行。

（2）授课人以技术部和各岗点技师为主，亦可通过聘请专业能力强的资深老员工出任兼职讲师。

7. 培训要求

（1）培训工作要准备充分，注重过程，讲求效果，防止形式主义。

（2）授课方法要理论联系实际；通俗易懂，深入浅出。

（3）参加培训的员工要严格遵守培训纪律，准时参加培训，认真听课，细做笔记。实习时要尊重老员工，严格按规程操作。

（4）培训考试成绩在技术部备案。参加培训的员工未经批准无故不参加考试者，视为自动放弃考试，与文明班组和个人考核挂钩。

四、记录管理办法

1. 质量/环境/安全健康记录，是质量/环境/安全健康体系运行最基础的证实资料，因其量大面广，也是质量/环境/安全健康体系认证过程中最难管理且易失控的一个方面。搞好质量/环境/安全健康记录的控制与管理，是保证质量/环境/安全健康体系有效运行的基本管理手段。为此，依据质量/环境/安全健康《记录控制程序》，特制定本管理办法，要求有关人员认真执行。

2. 厂设质量/环境/安全健康记录管理员，负责质量/环境/安全健康记录的目录编制、检查、处理及保存的管理。

3. 记录管理员应按质量/环境/安全健康记录目录的编号，对全厂相应的全部记录进行编号管理。

4. 质量/环境/安全健康记录应由各工作岗位人员填写，填写必须完整、正确、规范，字体不准潦草，要清晰明了，容易识别，并签名。记录要整洁、齐全，严禁乱画、撕页。

5. 质量/环境/安全健康记录及数据不得擅自更改，如因笔误更改时，在错误处用笔划杠，写上正确数据或文字并在更改处盖章，并对更改内容负责。

6. 记录在使用期间由现场人员负责保管，使用完后交厂。厂负责在保存期内妥善保管，超过保存期，编制清单，由工程师批准销毁。

7. 凡违犯本管理办法，对质量记录填写不认真，保存不善者，应进行严肃处理，按文明员工考核办法考核。

五、文件资料管理制度

1. 文件管理员（兼职）负责文件资料的运行、登记、发放、传阅、保存等工作，各项工作要按规定执行。

2. 文件要有固定场所进行保存，归类存放。

3. 要及时将失效文件从所有发放和使用场所收回，或采取其他措施防止误用。

4. 由于法律和保留信息的需要而保存的失效的文件，要加以标识。

5. 文件发放要有编号，发放要登记签收，签收记录要归档保存。

6. 所有文件均须字迹清楚，注明日期（包括修订日期），标识明确，妥善保管，并在规定期间内予以留存。

第二节　安全技术管理

一、规程措施管理制度

1. 规程措施制定

（1）规程措施制定前，首先要进行现场考察。根据现场安全设施情况、工作情况和环境情况，测量出确切数据，同时掌握有关说明、要求。

（2）根据现场考察情况及有关单位的特殊要求，制定出施工方案，并进行比对，选择最佳方案。

（3）规定措施必须有针对性，要科学优化劳动组织，做到"安全、周密、经济、可操作性强"。

2. 规程措施编写

（1）规程措施由专业技术人员编写，要求字迹清晰，数据准确，条例清晰。

（2）规程措施编写的纸张统一选用 A4 纸，采用电脑打印。

3. 规程措施审批

（1）规程措施制定完毕后，必须经单位负责人批准，单位技术主管进行技术把关并审核。

（2）单位负责人和技术主管审核批准后，必须加盖单位公章。

（3）单位审核后，报往相关部门批准。

4. 规程措施考核

（1）规程措施批准后，要及时向员工贯彻，做到无规程措施不开工，不学规程措施者不安排工作，现场负责人严格把关。

（2）贯彻规程措施以班为单位，本人亲自参加并签到，不得代签。

（3）无论何故脱产 10 天以上者（包括 10 天），必须重新学习规程措施，否则不安排其工作。

5. 规程措施实施

（1）施工中，严禁违反措施施工，杜绝"三违"现象。

（2）技术管理人员要经常深入现场，重点工程要进行跟班盯岗，重点抓规程措施落实情况。

（3）现场遇情况变化时，要及时与有关的职能部门联系，看准问题，并及时补充安全技术措施，且要具体、有针对性、可操作性，并现场盯岗抓落实。

（4）规程措施贯彻有计划、有教案、有试卷、有记录、有员工本人签到、有存档。

（5）积极推广先进工艺、新技术，组织好安全技术培训。

6. 规程措施管理

（1）基础资料要统一分项管理，专人负责，资料项目齐全，记录及时，资料要清楚整洁，符合规定要求，反映工作现场实际。

（2）制定规程严把"五关"，即：现场勘察关，规程制定关，规程贯彻关，现场实施关，规程修改补充关。

二、技术管理制度及执行标准

1. 目的

为加强技术管理，规范工作程序，提高工作效率，确保产品（含泥料）质量和安全生产，特制定本制度及标准。

2. 管理目标

产品抽检合格率在 95% 以上；杜绝重大责任事故；杜绝重大非人身事故；杜绝轻伤以上人身事故。

3. 领导小组

根据技术管理需要，成立技术管理领导小组。组长：厂长；副组长：副厂长、工程师、技术员；成员：各车间主任和技术员、质检员及窑炉监控工。

4. 管理规定及执行标准

（1）人员权力和义务

组长全面抓技术管理工作，是全厂技术管理第一负责人；副组长协助组长对技术全面管理，及时发现解决技术问题，不断提高产品质量和技术管理水平；成员负责各车间和管理范围内的技术工作，及时汇报处理各种技术问题。

以上所有人员有权对技术问题采取措施，提出提高技术管理方面的合理化建议，鼓励使用新技术新工艺；组长和副组长有权对影响产品（含泥料）质量和生产工艺技术的相关人员进行奖罚。

（2）一般技术工作

①工程师负责相关的质量、安全等体系运作，负责职责范围内的迎检工作，积极认真完成上级领导安排的各项任务。如消极怠工，不认真及时完成任务，每一项次罚款 20 元。

②分管技术员负责本车间内生产设备、安全装置、消防设施、防护器材和急救器具的监督检查工作，使其保持完好和正常运行。

③分管技术员督促教育员工合理使用劳动保护用具，正确使用灭火器材。

④分管技术员健全本车间机电设备及配件的技术档案，负责各种图纸、图册的绘制、整理、发放、保存，不断积累技术资料，并把各种资料、图纸分类编制成册，妥善使用保存。

⑤分管技术员负责对本车间管理制度和安全措施的制定、贯彻落实，经常深入现场，检查设备的运行情况，发现问题立即汇报处理，并制定有效措施进行解决，保证设备安全运行。

⑥分管技术员要配合分管领导，做好计量及其他工作。

⑦分管技术员负责本车间技术统计和总结工作（如生产量、原料掺配、设备运行、工艺改造、工艺运行、砖坯质量、窑炉温度、成品质量等），月底将统计数据报工程师办公室或分管领导，每迟交一天，或发现工作不认真者，罚责任人 20 元。

⑧小组成员必须及时发现、处理各种技术问题，不得不闻不问，任由问题存在，如有发现对责任人每次罚款 10 元。

⑨对于及时发现、处理技术问题，避免一定的损失，或提出合理化建议，提高产品质量一个百分点以上者，给予 20 元奖励。

（3）业务培训

①工程师每年制定本年度培训计划。

②工程师制定每月培训计划，确定培训范围和授课人员，每月不少于一次。必须按培训计划完成培训任务，如没有完成，每次罚责任人 20 元。

③技术员配合工程师对相应车间员工进行技术业务培训，技术员也可根据车间生产需要，对员工进行培训，培训种类和内容参照《员工业务培训制度》。

④培训任务下达后，各技术员在 5 天内必须完成车间培训，将批阅完毕的试卷及培训签名表送交工程师办公室保存，如有其他培训需求（如收费等），车间主任配合完成。每拖一天，扣所在车间 100 元。

⑤技术员配合做好相关体系的培训工作，根据各迎检工作负责人的安排，认真做好相关记录，完成各项迎检准备工作。如没有完成，对检查工作造成不良影响，每项次罚责任人 20 元。

（4）技术措施和作业规程的编写及审批

①工程师必须按时完成质量/环境/安全健康体系的编审和规程、技术措施的制定，如有拖延影响工作的，每次罚责任人 20 元。

②技术员负责编写技术措施和作业规程，包括厂部安排的新建、整改工程及每天的检修任务。

③每次施工前，技术员必须编写相关技术措施，报厂工程师处审查，由厂长或分管厂长批准，措施培训后，方可施工。

④没有技术措施或者未对参与施工人员进行措施培训学习，不得施工，否则，按严重"三违"处理。每发现一次，扣罚所在车间 100 元。

⑤根据生产实际，各技术员必须及时整改完善岗位（工种）作业规程及相关制度，确保作业规程及相关制度具有实效性、即时性和可操作性。

⑥质检员及窑炉监控工负责相关工作，具体内容参照《质量过程控制管理规定》，做好相关的检测和记录，如敷衍了事，存在不认真行为，每发现一次罚责任人 20 元。

三、产品质量管理制度

1. 为加强质量管理，厂设立质检员岗位，质检员受生产技术部直接领导，为保证质检员工作中行使权力的独立性，任何人不得干预质检员的工作。

2. 质检员负责原材料的入厂检验、工序检验及产品的出厂检验，严格按检验规程进行检验，检验完毕认真填写检验报告。

3. 质检员在工作中必须做到认真负责，如出现漏检、达不到检验数量、填写虚假检验报告等现象，一经查实严厉追究质检员责任。

4. 对于入厂的原材料质检员检验完毕后方可在入库单中签字入库，不合格的原材料必须由质检员同意后进行退货。

5. 质检员在检验时，对发现的不合格品严格填写不合格品整改单，由厂领导批示后按规定进行整改，整改合格后重新进行验收。对于废品，进行集中处理。

6. 检查中发现的不合格品能返工者重新进行返工，厂不再支付返工费用，不能返工者由责任人承担 100％的罚款，并承担上道工序的加工费用。

7. 质检员有权对检验过程中出现的不合格品视情况进行罚款或与月底的文明班组或文明个人考核进行挂钩。

8. 因产品质量在使用过程中造成问题受到使用单位投诉，厂将严厉追究质检员及相关责任人的责任。

9. 对屡次出现的质量问题或发现的严重质量问题，厂召开分析会，制定纠正措施，杜绝类似情况的再次发生。

10. 产品质量标准严格执行国家标准。

四、产品质量过程控制管理规定

1. 目的

加强生产过程控制，提高产品质量。

2. 产品质量过程控制管理机构

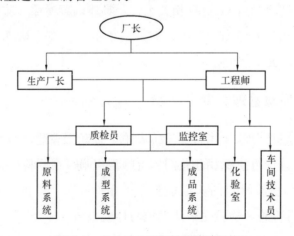

图 2-1　产品质量过程控制管理机构

3. 职责范围及管理规定

从质量过程控制程序可以看出，产品质量层层把关负责，各职能部门和生产车间要严要求、高标准，视质量为生存根本，保证各生产环节质量。

（1）厂长

厂长是产品质量第一责任人，对产品质量负责。

（2）生产厂长

负责对生产过程进行全面监管，保证生产过程的连续性、协作紧密性。每月召开一次质量分析会议，剖析质量管理中存在的问题，制定下月质量管理的具体目标。

（3）工程师

对影响质量的关键过程控制点严格进行监控，保证产品的质量符合相关要求。定期组织监控工、质检员和相关人员召开质量分析会，总结经验，找出差距，落实措施。认真执行国家及上级有关质量管理的要求，负责达标升级工作。

对不遵守本管理规定的车间或个人及时汇报相关领导，视情节轻重下发"限期整改单"或"罚单"，月底报厂部考核。

（4）质检员

对生产全过程进行质量检查、监督，做好相关记录，每天统计、分析、汇总后上报工程师，要求数据准确，实事求是；每天对成品进行检验，分析记录成品质量状况，上报工程师；定期公布和上报成品合格率。

（5）监控室

负责干燥、焙烧工艺，对干燥、焙烧质量负责，严格控制温度和压力，使其符合制砖要求。其中，干燥室4号车位干燥温度不得低于60℃，焙烧窑最高温度控制在995～1035℃之间；根据原料热值和生产要求，协助工程师制定原料掺配方案；测量砖坯和成品砖尺寸，做好相应记录，每天抽检3辆窑车成品砖尺寸，计算收缩率及孔洞率上报工程师；在原料系统生产时，根据生产需要及时指示原料入池；在成型系统生产时，根据泥料陈化时间和热值，及时指示制砖取料池号；监督砖坯的成型情况；根据泥料热值和生产需要指示码坯方式，监督码坯质量，记录码坯车号。每月对烧结工艺（包括成品砖质量影响因素、闸板和风机的调节、干燥和焙烧温度压力等）进行总结，月底前上报工程师和分管领导。

（6）销售部

负责验收成品砖，不合格砖不得装车。同时，监督窑车卸砖码垛，成品砖出窑后要在 2 天内卸到货场，码垛要平稳、整齐，减少搬运过程中的成品砖损坏。

（7）化验室

负责对料样进行化验。严格按照《电煤化验常用国家标准》规定进行取样和化验，每天上午取回皮带机司机（或振动筛操作工）所取的料样，对其进行化验，将化验数据当天交至监控室；对陈化库内的泥料进行取样化验，当天将化验数据交至监控室。每周一对砖坯干燥前后的含水率以及泥料塑性进行化验，填写相应记录，上报工程师。

及时对新进洗矸、煤进行化验，填写相应记录，上报工程师。

化学分析工应严格按照要求填写原料化验分析单，及时向监控室提供化验单。填写化验记录时，陈化池号要统一名称（如东 1 号）。

（8）原料系统

产量规定：必须满足砖坯正常生产，保证陈化时间至少 4 天。

原料使用：重介矸石必须风化 10 个月以上，方可使用，不得使用风化时间少于 10 个月的矸石。

原料掺配：车间主任根据生产要求，按照工程师下达的原料掺配方案和时间要求指挥装载机司机对原料进行掺配，组织生产。原料掺配要求：在指定范围内，严格按照掺配比例对原料均匀掺配，确保热值稳定。配出的原料热值与计算值不得相差 ±50cal/g，如超出按照质量标准进行扣罚。

拣矸：认真负责，严格按照岗位责任制要求进行分拣矸石，确保石灰石含量符合制砖要求。

筛网更换：原料系统主任负责。根据制砖要求，按照工程师指示更换网眼大小适合生产需要的振动筛筛网。振动筛操作工要及时巡检振动筛工作状况，发现筛网破损时，要及时停机更换，不得让大于 3mm 的矸石进入陈化库。

原料入池：皮带机司机负责。在生产原料之前（或中间换池），皮带机司机需请示监控室原料入池号，填写入池记录，不得私自换池。然后，操作分料器，使泥料对号入池。

原料取样：皮带机司机负责湿料取样，振动筛操作工负责干料取样。根据生产需要和取样规定对原料进行取样，做好取样记录：取干料时，需按照领导或监控室要求进行取样，放入干料样桶内，取料结束后盖好桶盖；取湿料时，当班每隔半小时取一次样，放在湿料样桶内，及时盖好桶盖，以防水分蒸发。取样人负责相应料桶保管，将取料样桶存放在固定位置，以方便化验员取料。填写取样记录时，取样位置名称统一为"振动筛下皮带"和"18号皮带"。

一搅加水：一搅操作工负责加水。应严格按照生产要求对原料进行加水。泥料含水率：夏季为 12%～14%，其他季节为 10%～12%。

（9）成型系统

产量规定：必须满足成品砖生产需要，不能影响正常进车。

取料池号：成型系统多斗机操作工负责。在开工前（或中间换池前），多斗机操作工需向监控室请示吃料池号方可生产。

泥料加水：二搅操作工和上搅操作工负责，两岗点做好配合，使泥料含水率在 10%～12% 之间，符合成坯要求。

机口工：负责机口尺寸及砖坯质量（包括硬度、真空度及外观）。开工前，校验机口是否符合尺寸要求，误差不得超过 1mm，如不符合规定，应及时调节，确保机口尺寸合格；生产时，做好机口润滑和拖轮、钢丝上粘结泥料的清除（需停机操作），对于问题砖坯及时通知回坯工回坯，保证砖坯质量符合制砖要求。

回坯工：及时检查砖坯质量，发现硬度（真空度）不够、尺寸不合格的砖坯要及时回坯重搅，不得将不合格砖坯码车。

码坯方式：成型系统当班班长负责。生产前，请示监控室值班人员码坯方式方可开工。

码坯质量：码坯工及当班班长负责，码坯工要严格遵循"边密中稀，上密下稀"的码坯原则，保证砖坯上下垂直不歪斜，压楂均匀不偏心，坯垛四周立面平整要牢稳，通风孔前后对齐成一线。对于不合格的砖坯不得码车,必须回坯重搅。

(10) 成品系统

窑炉维护:负责窑车垫砖的摆放,要求垫砖摆放整齐,距窑墙尺寸统一,在 12~14cm 之间。及时清扫窑车,不得延误窑车正常使用。

浸砖:货场卫生工要及时浸砖,卸入场地的砖,要在当日内浸完,且每块砖都要浸透。对于从窑车上直接装车外拉的砖,要及时在车上浇水浸砖,不得影响销售外运。

五、产品质量过程控制执行标准

为稳定产品质量,打造企业品牌,提升企业美誉度,经厂领导班子研究制定本制度。

1. 总则

(1) 本制度所指质量包括生产工艺全过程泥料的生产、砖坯质量以及成品质量等。

(2) 厂长是产品质量的第一责任人,对产品质量负责;生产副厂长和工程师是全厂生产、质量负责人,车间主任是本车间的生产、质量负责人,班组长是本班组的生产、质量负责人。全厂设兼职质检员。

(3) 质检员要尽心尽责,发现问题及时向车间主任和分管副厂长汇报,由分管副厂长与车间主任形成扣罚意见,下扣罚单。

2. 质量标准

1) 厂部

(1) 工程师和技术员负责对员工进行质量标准培训,每季度一次,每少一次,罚责任人 20 元。

(2) 质检员每天抽检 3 辆窑车的成品砖合格率和尺寸状况,以表格形式当天上报工程师。要严格认真,不得弄虚作假,不得迟交;每迟交一天,罚责任人 10 元;对于弄虚作假者,每发现一次,罚责任人 50 元。

(3) 销售部负责监督窑车卸砖码垛。成品砖出窑后要在 2 天内卸到货场,码垛要平稳、整齐,减少搬运过程中的成品砖损坏。一项不合格,罚责任人 20 元。

（4）化验分析工每天对原料系统取的料样、陈化池内的泥料取样进行化验，当天将化验数据交至监控室和工程师，每迟一天，罚责任人 10 元。

2）原料系统

（1）原料系统必须满足砖坯正常生产，保证陈化时间至少 4 天，不得影响生产，每影响一次扣罚班组 20 元。

（2）破碎的矸石必须选用风化 10 个月以上的重介矸石，发现使用少于 10 个月的矸石，每次扣罚班组 100 元。

（3）原料系统严格按照掺配比例对原料均匀掺配，确保热值稳定。配出的原料热值与计算值不得相差 ±50cal/g，每超 10cal/g，扣罚班组 20 元。

（4）根据制砖要求，按照工程师指示，组织更换网眼大小适合生产需要的振动筛筛网。振动筛操作工要及时巡检振动筛工作状况，发现筛网破损时，要及时停机更换，不得让大于 3mm 的矸石进入陈化库。只要发现大于 3mm 的矸石进入陈化库，扣罚班组 100 元。

（5）制砖原料喂料工要严格按照岗位责任制要求进行分拣矸石，确保石灰石含量符合制砖要求，每发现脱岗一次，按"三违"处理。如因石灰爆点造成成品砖不合格，扣罚班组 100 元。

（6）原料系统皮带机司机在生产原料之前（或中间换池前），皮带机司机需请示监控室原料入池号，填写入池记录，不得私自换池。每发现一次罚责任人 10 元。

（7）原料取样人员必须按要求取样，每违反规定一次，罚责任人 10 元。

（8）一搅操作工严格按照生产要求对原料进行加水，每超过规定含水率正负一个百分点，罚责任人 10 元。

3）成型系统

（1）每天坯车产量必须满足成品砖生产需要，不能影响正常进车。每影响一次，扣罚班组 100 元。

（2）多斗机操作工必须根据监控室人员指示选择吃料池号，不得私自操作，每发现一次，罚责任人 20 元。

（3）二搅操作工和上搅操作工配合加水，使泥料含水率在 10%～12% 之间，检测含水率每超过规定数值正负一个百分点，罚责任人 10 元。

（4）严格按照技术部下发的机口尺寸调节机口，误差不得超过 1mm，每查出一次，罚责任人 20 元。

（5）机口工要及时清除切条、切坯机上的拖轮、钢丝上粘结的泥料，每发现一次粘结的泥块在 3mm 以上者，罚责任人 10 元。

（6）回坯工要及时检查砖坯质量，发现硬度（真空度）不够、尺寸不合格的砖坯要及时回坯重搅，不得将不合格砖坯进入码坯线。在验收砖坯时，每发现不合格砖坯 3～5 块，罚责任人 10 元；5～10 块罚责任人 20 元；10 块以上罚责任人 50 元。

（7）码坯工要严格遵循"边密中稀，上密下稀"的码坯原则，保证砖坯上下垂直不歪斜，压槎均匀不偏心，坯垛四周立面要平整牢稳，通风孔前后对齐成一线。砖坯间距应控制在 3～4cm，砖坯压槎不得小于 3cm，每发现一处，考核数量扣 10 块产量。坯垛相对底部偏斜超过 3cm，每发现一处考核数量扣 5 块产量；发现坯垛上损坏的砖坯，每发现一块，考核数量扣 2 块产量。

4）成品系统

（1）窑炉监控工做好如下工作：

①严格控制干燥、焙烧的温度和压力，使其符合制砖要求。其中，干燥室 4 号车位干燥温度不得低于 60℃，每低 1℃，罚责任人 10 元。

②焙烧窑最高温度控制在 995～1035℃ 之间，每超出范围 1℃，罚责任人 10 元，超出 5℃ 者，按严重事故进行分析处理。

③高温带应控制在 15～17 车位之间，不得造成前移或后移，否则按严重事故分析处理。

④在原料系统和成型系统生产时，及时指示池号和码坯方式，不得延误生产，否则，每发现一次，罚责任人 20 元。

⑤严格按照制砖标准进行验收监督等工作，不得敷衍懈怠，每发现一次，罚责任人 10 元。做好进出车和监控等相关记录，要认真仔细，每发现一处错误，罚责任人 10 元。

⑥每月对烧结工艺（包括成品砖数量、质量影响因素、闸板和风机的调节、干燥和焙烧温度压力等）进行总结，由组长汇总，24 日前上报工程师

和分管领导。每迟一天，罚责任人 10 元。

⑦每天将原料出入池、成品砖收缩率、机口尺寸、砖坯质量、回坯情况、码坯质量、高温范围、高温车位、垫砖摆放等情况填写报表，次日早 8 点前上报工程师。否则，罚责任人 10 元。

（2）窑炉维护工要做好窑车垫砖的摆放，要求垫砖摆放整齐，距窑墙尺寸统一，在 12～14cm 之间，不得超出范围，否则，罚责任人 20 元。及时清扫窑车，不得延误窑车正常使用，否则，罚责任人 20 元。

（3）货场卫生工要及时浸砖，卸入场地的砖，要在当日内浸完，且每块砖都要浸透。对于从窑车上直接装车外运的砖，要及时在车上浇水浸砖，不得影响销售外运。发现一次没有完成或浸砖不合格，罚责任人 20 元。

（4）对于及时发现、处理技术问题，避免一定的损失或提出合理化建议，促进质量指标提高一个百分点以上者，一人（次）给予 50 元奖励。

六、生产安全事故处理应急预案

（一）总则

1. 编制目的

为防止重大生产安全事故发生，完善应急管理机制，迅速有效地控制和处置可能发生的事故，保护员工人身和厂财产安全，本着预防与应急并重的原则，制定本预案。

2. 编制依据

（1）《中华人民共和国消防法》（中华人民共和国主席令第 83 号）；

（2）《中华生产经营单位安全生产事故应急预案编制导则》（中华人民共和国行业标准 AQ/T 9002—2006）；

（3）《生产安全事故应急预案管理办法（安监局令第 17 号）》。

3. 适用范围

1）本应急预案适用的区域范围

厂生产、管理范围内发生的各类事故后的应急救援。

2）事故类型

火灾爆炸事故、电器事故、洪涝灾害事故等。

3）事故级别

3 人以下的人身伤亡事故和一级及以下的非伤亡事故。具体分类如下：

（1）非伤亡事故级别

①三级非伤亡事故

凡出现下列情况之一者，为三级非伤亡事故：

a. 直接经济损失在 2 万元至 10 万元（含 10 万元）的；

b. 凡所发生的事故使车间停电 12～24 小时；

c. 发生火灾造成直接经济损失 2000～10000 元的；

d. 其他认定为性质达到三级非伤亡事故的。

②二级非伤亡事故

凡出现下列情况之一者，为二级非伤亡事故：

a. 直接经济损失在 10 万元至 50 万元（包括 50 万元）的；

b. 凡所发生的事故使车间停电 24 小时以上，不满 3 昼夜的；

c. 发生火灾造成直接经济损失 1 万～10 万元（含 10 万元）的；

d. 其他认定为性质达到二级非伤亡事故的。

③一级非伤亡事故

凡出现下列情况之一者，为一级非伤亡事故：

a. 直接经济损失在 50 万～100 万元（含 100 万元）的；

b. 凡所发生的事故使车间停电 3 昼夜以上；

c. 发生火灾造成直接经济损失 10 万～20 万元（含 10 万元）的；

d. 其他认定为性质恶劣的，情节特别严重的非伤亡事故。

（2）伤亡事故的分类

①轻伤事故：指事故中只有轻伤的事故。

②重伤事故：指事故中含有重伤（没有死亡）的事故。

③死亡事故：指一次死亡 1～2 人（多人事故含轻伤重伤）的事故。

4. 应急预案体系

本应急预案为综合预案，包括厂范围内可能发生的火灾爆炸事故、电器事故、洪涝灾害事故的各种应对工作。

5. 工作原则

（1）以人为本，安全第一；（2）统一指挥，分级负责；（3）自救互救，先重点后一般。

（二）危险性分析

1. 单位概况

简要介绍本厂的基本情况。

2. 危险源与风险分析

厂以煤矸石为原料生产煤矸石烧结砖产品，在生产过程中涉及气瓶使用存放、电气焊作业、电气维修和使用等；容易产生的危害有氧气、乙炔泄露着火和爆炸、火灾，电器设备维修触电伤人等；夏天如遇暴雨天气，易造成洪涝灾害。

（1）火灾爆炸事故危害性分析

由于各车间电气焊作业和油脂的使用，在一年四季中可能发生火灾爆炸事故，从而导致重大人身伤亡事故或重大财产损失。

（2）触电事故危害性分析

由于各车间均有配电设施，一年四季均有操作及维修，可能发生触电事故，特别是夏季，天气潮湿，易发生触电事故，从而导致人身伤亡事故。

（3）洪涝灾害

厂设备较多，地势相对较低，且部分设备设在车间地平以下，夏季雨水较多，如连降暴雨，厂区易形成积水，淹没电气设备，造成电气故障，威胁生产安全。

（三）组织机构及职责

1. 应急组织体系

为有效实施应急救援，厂成立生产安全事故应急救援领导小组，下设事故现场指挥组、通信联络组、火灾扑救组、人员抢救组、物资疏散组、后勤保障组。

（1）应急领导小组

由厂长任组长，副厂长任副组长，技术员、车间主任为成员，负责领导应急救援工作，应急领导小组下设办公室，办公室设在生产技术部，副厂长任办公室主任，全面负责日常业务、组织协调工作，完成领导小组交办的任务。

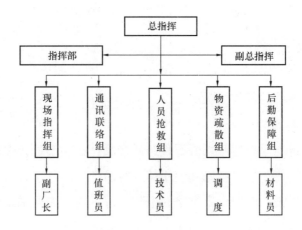

图 2-2 应急指挥组织体系

（2）应急领导小组职责

应急领导小组全面负责应急救援工作。负责编制、修订应急救援预案；组建应急救援队伍、配备救援器材和装备；组织应急救援预案的培训、演练和演习；负责生产安全事故和突发事件的上报和应急救援预案的实施情况的汇报。

2. 指挥机构及职责

1）应急救援指挥部

总指挥：厂长

副总指挥：副厂长

成员：其他相关管理人员

厂长不在的情况下由副厂长进行现场指挥。

指挥部主要职责：

（1）组织制定本厂安全生产规章制度；（2）保证本厂安全生产投入的有效实施；（3）组织安全检查，及时消除安全事故隐患；（4）组织制定并实施安全事故应急预案；（5）负责现场急救的指挥工作；（6）及时、准确报告生产安全事故。

2）指挥机构职责

（1）总指挥职责

①负责启动应急救援预案；②负责指挥协调应急救援反应行动，在副总

指挥及相关救援部门的协助下，制定营救遇险人员和处理事故的作战计划；③负责与上级应急救援部门、组织和机构进行联络；④直接监督检查应急操作人员的行动。

（2）副总指挥职责

①协助厂长组织和指挥应急救援任务；②负责向厂长提出应采取的降低事故后果行动的对策及建议；③负责保持与事故现场指挥的直接联络；④负责协调组织和获取应急救援行动所需的其他救援物资、装备以支援现场救援行动。

（3）事故现场指挥职责

①负责事故现场应急救援指挥和协调，保证现场员工和救援人员应急救援计划的执行；②负责控制事故次生和衍生的紧急情况；③负责应急救援行动过程中与指挥部副总指挥的联络和协调，并提出建议；④负责组织人员保护事故现场。

3）应急救援小组及职责

设立事故现场指挥组、通信联络组、火灾扑救组、人员抢救组、物资疏散组、后勤保障组。

（1）现场指挥组：

组长：生产副厂长

现场指挥：车间主任

主要职责：定期组织安全检查，消除安全隐患；对员工进行安全教育，掌握安全消防知识；对消防设备和设施及时进行监测和更新，保障处于有效使用状态；当接到火灾报警后，迅速通知各组负责人，到现场按自身任务迅速施救；组织全体员工进行应急预案演练。

（2）通信联络组：

负责人：办公室值班员

主要职责：在指挥组领导下，负责与消防、医院、公安等有关部门的联系，确保通信畅通。

（3）人员抢救组：

负责人：技术员

主要职责：对火场内被困人员实施解救或送至医院，听从指挥人员调动，不得擅自进入火区。

（4）物资疏散组：

负责人：经营副厂长

主要职责：对火灾现场或有可能受到火灾威胁的火灾现场周围的危险品、价值较高的贵重物品进行抢救疏散。

（5）后勤保障组：

负责人：材料员

主要职责：负责有关灭火、抢救物资的保障，公安、消防等有关部门的接待以及灭火相关工作，如保护现场、接待有关人员、协助火灾前期调查等。

（四）预防与预警

1. 危险源监控

（1）火灾事故监控及预防措施

①根据车间具体情况建立健全各项消防安全制度，严格遵守各项操作规程。

②在工作场地内不得存放油漆、稀料等易燃易爆物品。

③工作场地内严禁吸烟，使用各种明火作业应开具动火证并设专人监护。

④作业现场要配备充足的消防器材。

⑤各车间使用各种明火作业应得到厂的批准，并且要配备充足灭火材料和消防器材。

⑥焊接作业时氧气瓶、乙炔瓶要与动火点保持 10m 的距离，氧气瓶与乙炔瓶的距离应保持 5m 以上。

⑦各车间在下班前必须对是否残留火种及燃火隐患进行细致检查。

⑧下班后看门人员要对各车间是否残留火种及燃火隐患进行细致检查。

（2）触电事故监控及预防措施

①坚持电气专业人员持证上岗，非电气专业人员不准进行任何电气部件的更换或维修，严格遵守一人操作、一人监控制度。

②检查和操作人员必须按规定穿戴绝缘胶鞋、绝缘手套；必须使用电工专用绝缘工具。

③配电线路必须按规范架设，架空线必须采用绝缘导线，不得成束架空敷设，不得沿地面明敷。

④人员及设备，应与线路保持安全距离。达不到规定的最小距离时，必须采取可靠的防护措施。

⑤配电系统必须实行分级配电。现场内所有电闸箱的内部设置必须符合有关规定，箱内电器必须可靠、完好，其选型、定值要符合有关规定，开关电器应标明用途。电闸箱内电器系统需统一样式，统一配置，并按规定设置围栏。

⑥配电箱柜都要有设备标识牌、完好牌、有电警示牌。

⑦应保持配电线路及配电箱和开关箱内电缆、导线对地绝缘良好，不得有破损、硬伤、带电裸露、电线受挤压、腐蚀、漏电等隐患，以防突然出事。

⑧独立的配电系统必须采用三相五线制的接零保护系统，非独立系统可根据现场的实际情况采取相应的接零或接地保护方式。各种电气设备和电力施工机械的金属外壳、金属支架和底座必须按规定采取可靠的接零或接地保护。

⑨为了在发生火灾等紧急情况时能确保现场的照明不中断，配电箱内的动力开关与照明开关必须分开使用。

⑩开关箱应由分配电箱配电，不可一闸多用。每台设备应有各自开关箱，严禁一个开关控制两台以上的用电设备（含插座），以保证安全。

⑪配电箱及开关箱的周围应有两人同时工作的足够空间和通道，不要在箱旁堆放建筑材料和杂物。

⑫电动工具的使用应符合国家标准的有关规定。工具的电源线、插头和插座应完好，电源线不得任意接长和调换，工具的外绝缘应完好无损，维修和保管有专人负责。

⑬电焊机应单独设开关。电焊机外壳应做接零或接地保护。施工现场内使用的所有电焊机必须加装电焊机漏电保护器。接线应压接牢固，并安装可

靠的防护罩。焊把线应双线到位，不得借用金属管道、金属脚手架、轨道及结构钢筋做回路地线。焊把线无破损，绝缘良好。电焊机设置点应防潮、防雨、防砸。

（3）洪涝灾害监控及预防措施

①雨季来临之前组织疏通下水道，保持水路畅通。

②检查维护防洪闸，保持正常开启和关闭。

③常备防洪泵，检查维护保持正常运转。

2. 预警行动

技术部负责定期组织相关部门和人员分析、研究可能导致安全生产事故的信息，确定应对方案；及时通知有关部门和人员采取针对性的措施预防事故发生。

3. 信息报告与处置

（1）事故信息报告与处置

①发生事故时，现场人员要立即开展自救和互救，并立即报告厂值班人员和值班领导，由应急办公室根据需要确定是否启动安全生产应急预案。

②事故发生后，应当于1小时内向事故发生地县级以上人民政府安全生产监督管理部门和负有安全生产监督管理职责的有关部门报告。

（2）事故报告内容

事故报告内容应包括事故发生单位、发生时间、事故地点、伤亡情况、简要经过及原因初步分析、事故报告人姓名等。

实行24小时值班制度，值班电话：××××××××。

事故发生后，厂长立即组织全厂安全紧急会，通报事故基本情况，责令相关部门调查分析并形成事故调查分析报告，下发各车间，吸取事故教训，采取预防措施。

（五）应急响应

1. 响应分级

针对事故危害程度、影响范围，将事故应急响应分为Ⅱ级响应、Ⅰ级响应。

出现下列情况时启动Ⅱ级响应：造成或可能造成1～2人轻伤，或造成

1～2人中毒，或造成三级非伤亡事故。

出现下列情况时启动Ⅰ级响应：造成或可能造成1～2人重伤，或造成3人及以上轻伤，造成或可能造成1人及以上死亡，或造成3人及以上中毒、重伤，或造成二级或一级非伤亡事故。

2. 响应程序

Ⅱ级响应：由现场负责人负责启动《厂生产安全事故现场处置方案》，必要时请求厂长启动《厂生产安全事故综合应急预案》。

Ⅰ级响应：由车间负责人向应急办公室汇报事故情况，由分管副厂长（工程师）负责启动《生产专项应急预案》。

1）火灾事故应急处置

（1）火灾事故应急流程应遵循的原则

①紧急事故发生后，发现人应立即报警。一旦启动本预案，相关责任人要以处置重大紧急情况为压倒一切的首要任务，绝不能以任何理由推诿拖延。各部门之间、各单位之间必须服从指挥、协调配和，共同做好工作。因工作不到位或玩忽职守造成严重后果的，要追究有关人员的责任。

②应急小组在接到报警后，应立即组织自救队伍，按事先制定的应急方案立即进行自救；若事态情况严重，难以控制和处理，应立即在自救的同时向专业队伍救援，并密切配合救援队伍。

③疏通事发现场道路，保证救援工作顺利进行；疏散人群至安全地带。

④在急救过程中，遇有威胁人身安全情况时，应首先确保人身安全，迅速组织脱离危险区域或场所后，再采取急救措施。

⑤切断电源、可燃气体（液体）的输送，防止事态扩大。

⑥机电副厂长为紧急事务联络员，负责紧急事务的联络工作。

⑦紧急事故处理结束后，机电副厂长应填写记录，并召集相关人员研究防止事故再次发生的对策。

（2）火灾事故的应急措施

①对施工人员进行防火安全教育。

目的是帮助施工人员学习防火、灭火、避难、危险品转移等各种安全疏散知识和应对方法，提高施工人员对火灾发生时的心理承受能力和应变力。

一旦发生突发事件，施工人员不仅可以沉稳自救，还可以冷静地配合外界消防员做好灭火工作，把火灾事故损失降低到最低水平。

②早期警告。事件发生时，在安全地带的施工人员可通过手机、对讲机向其他施工人员传递火灾发生信息和位置。

③紧急情况下楼梯的使用。

逃生人员应通过室内楼梯逃生。如果下行楼梯受阻，工作人员可以在某楼层或楼顶部耐心等待救援，打开窗户或划破安全网保持通风，同时用湿布捂住口鼻，挥舞彩色安全帽表明你所处的位置。切忌逃生时在道路上拥挤。

（3）火灾发生时人员疏散应避免的行为因素

①人员聚集

灾难发生时，由于人的生理反应和心理反应决定受灾人员的行为具明显向光性，盲从性。向光性是指在黑暗中，尤其是辨不清方向、走投无路时，只要有一丝光亮，人们就会迫不及待地向光亮处走去。盲从性是指事件突变，生命受到威胁时，人们由于过分紧张、恐慌，而失去正确的理解和判断能力，只要有人一声招呼，就会导致不少人跟随、拥挤逃生，这会影响疏散甚至造成人员伤亡。

②恐慌行为

是一种过分和不明智的逃离行为，它极易导致各种伤害性情感行动，如绝望、歇斯底里等。这种行为若导致"竞争性"拥挤，再进入火场，穿越烟气空间及跳楼等行动，时常带来灾难性后果。

③再进火场行为

受灾人已经撤离或将要撤离火场时，由于某些特殊原因驱使他们再度进入火场，这也属于一种危险行为，在实际火灾案例中，由于再进火场而导致灾难性后果的占有相当大的比例。

2）触电事故应急处置

（1）截断电源，关上插座上的开关或拔除插头。如果够不着插座开关，就关上总开关。切勿试图关上那件电器用具的开关，因为可能正是该开关漏电。

（2）若无法关上开关，可站在绝缘物上，如一叠厚报纸、塑料布、木板之类，用扫帚或木椅等将伤者拨离电源，或用绳子、裤子或任何干布条绕过伤者腋下或腿部，把伤者拖离电源。切勿用手触及伤者，也不要用潮湿的工具或金属物质把伤者拨开，也不要使用潮湿的物件拖动伤者。

（3）如果患者呼吸、心跳停止，应实施人工呼吸和胸外心脏按压。切记不能给触电的人注射强心针。若伤者昏迷，则将其身体放置成卧式。

（4）若伤者曾经昏迷、身体遭烧伤，或感到不适，必须打电话叫救护车，或立即送伤者到医院急救。

（5）高空出现触电事故时，应立即截断电源，把伤者抬到附近平坦的地方，立即对伤者进行急救。

（6）现场抢救触电者的原则：现场抢救触电者的经验原则是迅速、就地、准确、坚持。迅速——争分夺秒使触电者脱离电源；就地——必须在现场附近就地抢救，病人有意识后再就近送医院抢救。从触电时算起，50分钟以内及时抢救，救生率90％左右；100分钟以内抢救，救生率6.15％希望甚微。准确——人工呼吸法的动作必须准确；坚持——只要有百万分之一希望就要尽百分之百努力抢救。

3）洪涝灾害事故应急处置

（1）现场人员应迅速掌握洪灾的大小程度及预报雨量等情况，汇报领导。

（2）及时组织人员，打开防洪泵，在排水口及大门处投沙袋筑防洪墙。

（3）及时组织人员，清理排水沟和检查井，保持水路畅通。

3. 应急结束

事故现场得以控制，环境符合有关标准，导致次生、衍生事故隐患消除后，经事故现场应急指挥机构确认和批准后，现场应急处置工作结束，应急救援队伍撤离现场。

（1）事故情况上报事项

由厂应急领导小组将事故情况上报相关部门，内容包括事故分析报告、经济损失、事故影响范围、环境破坏程度、救援费用核算、事故现场控制和恢复、受影响及遇难人员家属的安置等情况。

（2）向事故调查小组移交相关事项

由厂应急小组向事故调查小组移交相关事项内容包括事故现场保护、取证相关资料；事故分析处理过程原始资料；事故单位安全管理工作相关制度、措施、记录等。

（六）信息发布

应急领导小组办公室是事故信息发布的指定部门。负责事故信息对外汇报工作。坚持实事求是、准确及时，经总指挥批准后，向有关安全生产监督管理部门报告事故信息。

（七）后期处置

1. 善后处置

善后处理组负责组织善后处置工作。将事故内容分析报告各相关单位，核算各种费用以及事故造成的后果、影响等事宜。

2. 工作总结与评估

应急响应结束后，厂应急小组及时认真分析事故原因，制定防范措施，落实安全生产责任制，防止类似事故发生。厂应急领导小组负责组织相关部门人员对应急救援过程和应急救援保障等工作进行总结和评估，提出改进意见和建议，对应急预案进行修订。

（八）保障措施

1. 通信与信息保障

车间维修人员负责厂电话的日常维护与管理，确保电话系统运行安全可靠。坚持 24 小时通信值班制度。确保应急期间信息通畅，各项指令能够通过电话传达到每一名员工。

2. 应急队伍保障

（1）应急领导小组负责协调全厂应急救援工作和救援队伍的组织管理。

（2）厂值班领导负责组织、指导协调本厂应急救援体系建设及厂应急救援工作。

（3）厂设立应急队伍，有应急队员若干名。值班电话：×××××××，24 小时值班。

（4）厂应急小组在组长及副组长的指令下，参加全厂事故的应急救援工作。

3. 应急物资装备保障

（1）事故应急救援物资和设备储备。由厂技术部负责物资的计划购置、领用及更换。技术部电话：××××××××。各车间按规定配备防火沙箱及灭火器等物资，仓库负责其他应急救援物资和设备储备。

（2）救援物资设备的调运。根据救援的需要，由应急救援小组随时调集物资和设备。

（3）救援物资具体存放位置及明细见附件。

4. 经费保障

由技术部负责有关事故应急救援必要的资金申请，分管副厂长从单位材料费用中列支。

5. 其他保障

（1）交通运输保障

①由值班领导联系保障救援工作用车。在应急响应时，利用现有的交通资源，提供交通支持，协调沿途有关地方人民政府提供交通支持，以保证及时调运事故应急救援有关人员、队伍、装备、物资。

②由值班领导联系医疗救护车辆，车辆需配用专用警灯、警笛，事故发生地由相关政府部门进行交通管制，开设应急救援特别通道，最大限度地赢得应急救援时间。

（2）治安保障

由值班领导向治安部门报告申请治安保障，组织事故现场治安警戒和治安管理，加强对重点地区、重点场所、重点人群、重要物资设备的防范保护，维持现场秩序，及时疏散群众。发动和组织群众，开展群防联防，协助做好治安工作。

（3）技术保障

技术部为事故应急救援提供技术保障。厂依托有关院校和科研单位，开展事故预防和应急技术以及厂救援技术设备的研究和开发。

（4）救援医疗保障

①由值班领导负责联系救护中队指导全厂事故伤员的现场急救工作。联系医疗救护组为事故应急救援提供医疗救护保障。

②地方医院指导、参加事故中伤员的救治工作。

③地方医院负责事故现场伤员的医疗急救与转送。

（5）后勤保障

后勤保障小组，负责事故处理过程中的全部外来人员生活接待及内部参战人员的生活安排。

（九）培训与演练

1. 培训

（1）技术部对应急队员进行培训。

（2）技术部负责组织员工学习作业场所所涉及的应急救援与自救、互救知识及避灾路线，使员工具备应急救援与自救、互救的技能，并做好记录。

（3）技术部利用学习时间、车间宣传牌板等媒介向全厂员工宣传事故预案中预防、避险、避灾、自救、互救常识。

2. 演习

（1）技术部负责制定年度演练计划。每年至少组织一次应急预案演练。计划依据厂事故发生的可能性，确定演练的规模、方式、范围、内容。根据预案由各分管专业制定演练方案，经厂领导审批，及时演练。

（2）年度演练计划由应急领导小组组织实施。

（3）技术部负责写出演练总结。厂应急小组负责对演练进行评估，并修订应急预案。

（十）奖惩

1. 对在应急救援工作中有突出贡献的小组和个人按厂有关规定进行表彰。

2. 对不服从指挥部调遣、临阵脱逃、谎报瞒报、保障不力的小组和人员，按照有关规定给予行政处分或经济处罚，构成犯罪的，依法追究其刑事责任。

（十一）附则

1. 术语和定义

（1）应急预案

针对可能发生的事故，为迅速、有序地开展应急行动而预先制定的行动方案。

（2）应急准备

针对可能发生的事故，为迅速、有序地开展应急行动而预先进行的组织准备和应急保障。

（3）应急响应

事故发生后，有关组织或人员采取的应急行动。

（4）应急救援

在应急响应过程中，为消除、减少事故危害，防止事故扩大或恶化，最大限度地降低事故造成的损失或危害而采取的救援措施或行动。

（5）事故

指人类在进行有目的的活动过程中，发生了违背人意愿的且表现出不利于实现目标的现象。

（6）事故应急救援预案

是针对具体设备、设施、场所或环境，在安全评价的基础上，评估了事故形式、发展过程、危害范围和破坏区域的条件下，为降低事故损失，就事故发生后的应急救援机构和人员，应急救援的设备、设施、条件和环境，行动的步骤和纲领，控制事故发展的方法和程序，预先做出的、科学有效的计划和安排。

（7）分级

指根据事故危害程度而划分的级别。

（8）预警

包括发生影响企业安全的所有事件。为可控制的异常事件或容易被控制的事件。可向外部通报，但不需要援助。

（9）危险辨识

指找出可能引发不良后果的材料、系统、生产过程的特征。

2. 应急预案备案

本应急预案报市安监局备案。

3. 维护和更新

（1）为了能把新技术和新方法运用到应急救援中去，以及对不断变化的具体情况保持一致，预案应进行及时更新，必要时重新编写。

（2）对危险源和新增装置、人员变化进行定期检查，对预案及时更新。

（3）在实践和演习中提高水平，对预案进一步合理化。

4. 制定与解释

厂应急救援领导小组负责应急预案的制定与解释。

5. 应急预案实施

应急预案实施时间：×年×月×日。

七、生产安全事故现场处置方案

（一）火灾事故现场处置方案

1. 事故特征

（1）危险性分析，可能发生的事故类型

一旦发生火灾，可能造成重大人身伤亡及财产损失，影响安全生产及造成社会不良影响。

可能发生的事故类型：电气火灾、明火、线路老化、线路超载、雷击、静电、人为破坏、气体泄漏、爆炸、自然灾害等不可预见的灾害。

应急避险：遇险人员按照疏散安全通道，迅速撤离到安全地点。

（2）事故发生的区域、地点或装置的名称（见表2-1）

表2-1　事故发生的区域、地点或装置

序号	区　域	地　点	装置名称	备　注
1	原料系统	车间内	配电柜、箱、设备	
2		车间内	氧气、乙炔瓶	
3	成型系统	车间内	配电柜、箱、设备	
4	成品系统	车间内	配电柜、箱、设备	
5		车间内	窑炉	

（3）事故可能发生的季节和造成的危害程度（见表2-2）

表2-2　事故类型和危害程度分析

序号	区域	事故类型	发生季节	危害程度	事故前征兆	危险源评估
1	原料系统	电气火灾、吸烟	四季	中	机电设备不正常	
2		氧气、乙炔瓶	四季	高	气体泄漏	

续表

序号	区域	事故类型	发生季节	危害程度	事故前征兆	危险源评估
3	成型系统	电气火灾、吸烟	四季	中	机电设备不正常	
4	成品系统	电气火灾、吸烟	四季	中	机电设备不正常	
5		明火火灾	四季	中	明火	

（4）事故前可能出现的征兆（见表2-2）

2. 应急组织与职责

（1）应急自救组织形式及人员构成情况：

厂根据各车间日常防火工作需要，责成各车间建立义务消防队；义务消防队人员组成本着专业、身强体健、精干、高效、适用的原则，由技术部备案并负责年度业务培训。

各车间自救组织人员：

原料系统：××人　　成型系统：××人　　成品系统：××人　　维修车间：××人　　后勤：××人

（2）应急自救组织机构、人员的具体职责：

①负责控制危险源，火灾爆炸事故紧急处理，防止事故扩大；②负责组织人员撤离，指导人员开展自救和互救工作；③负责抢救受害人员，安全转运伤员，减少人员伤亡和事故损失；④负责做好现场清理，降低危害程度；⑤完成应急救援指挥部交办的各项工作；⑥成型和成品系统重点负责电气火灾事故的处理，原料系统重点负责气体泄漏火灾或爆炸事故的处理。

3. 应急处置

1）应急处置程序

事故发生后，现场人员立即通知值班人员，并立即启动《火灾事故现场处置方案》，同时通知相关部门。

2）报警电话：×××××××

3）现场应急处置措施及注意事项

（1）现场应急处置措施

①当发现电气设备火灾后，现场人员尽可能采取灭火措施，控制火势蔓延和扩大；②断开发生火灾的设备供电；当发生因明火、线路老化造成的火

灾时，现场人员应利用现场配备的灭火器进行火灾初期扑救；③使用干粉灭火器或二氧化碳灭火器及防火沙箱进行灭火；④迅速将火灾情况报厂值班室；⑤安排专人撤离可能使火势蔓延的可燃物（布料），并沿安全通道撤离人员；⑥火势较大无法扑灭时，现场人员沿安全通道迅速撤离现场。

（2）注意事项

①佩戴齐全个人防护器具；②电气发生火灾时，在未断开供电的情况下不可使用泡沫灭火器、水进行扑救，灭火器要正确使用，防止发生意外伤害，正确使用抢险救援器材；③在扑救火灾过程中，要注意个人安全，采取各种措施，针对现场火情进行扑救；当火灾现场烟雾浓度较大时，扑救人员要用湿毛巾堵住口鼻，防止呼吸道损伤，弯腰或匍匐向外有序撤离；④扑救人员在现场要做好自救和互救的工作，保持正常的联络或现场情况的对策；⑤火灾现场扑救人员做好安全通道的畅通。

（二）触电事故现场处置方案

1. 事故特征

（1）危险性分析，可能发生的事故类型

触电事故是电流通过人体或带电体与人体间发生放电而引起人体的病理、生理效应所造成的人身伤害事故。

可能发生的事故类型：电击事故和电伤事故。

（2）事故发生的区域、地点或装置的名称

各车间的配电柜、箱及设备。

（3）事故可能发生的季节和造成的危害程度

触电事故一般多发生在每年空气湿度较大的7、8、9三个月。由于空气湿度大，人体由于出汗导致本身的电阻也在降低，当空气的绝缘强度小于电场强度时，空气击穿，极易发生触电事故，导致触电事故率比其他季节要高。

当流经人体电流大于10mA时，人体将会产生危险的病理、生理效应，并随着电流的增大、时间的增长将会产生心室纤维性颤动，增至人体窒息（"假死"状态），在瞬间或在三分钟内就夺去人的生命。当人体触电时，人体与带电体接触不良部分发生的电弧灼伤、电烙印，随着被电流熔化和蒸发的金属微粒等侵入人体皮肤引起皮肤金属化。这类伤害会给人体留下伤痕，严重时也可能置人于死地。

（4）事故前可能出现的征兆

有漏电现象，漏电保护器发生动作，电气元件发生打火现象，机电设备运行不正常，事故点温度升高，有放电痕迹。

2. 应急组织与职责

（1）车间应急自救组织形式及人员构成情况：

厂根据各车间日常工作需要，责成各车间成立应急自救小组，车间主任任组长，应急自救小组人员组成本着专业、身强体健、精干、高效、适用的原则，由技术部备案并负责年度业务培训。

各车间自救组织人员：

原料系统：××人　　成型系统：××人　　成品系统：××人　　维修车间：××人　　后勤：××人

（2）应急自救组织机构、人员的具体职责：

①负责用电安全培训。②负责截断电源，关上插座上的开关或拔除插头。如果够不着插座开关，就关上总开关。③负责抢救受害人员，安全转运伤员，减少人员伤亡和事故损失。④完成应急救援指挥部交办的各项工作。

3. 应急处置

1）应急处置程序

事故发生后，现场人员立即通知单位值班人员，并立即启动《触电事故现场处置方案》，同时通知相关部门。

2）报警电话：×××××××

3）现场应急处置措施及注意事项

（1）现场应急处置措施

①截断电源，关上插座上的开关或拔除插头。如果够不着插座开关，就关上总开关。切勿试图关上那件电器用具的开关，因为可能正是该开关漏电。②若无法关上开关，可站在绝缘物上，如一叠厚报纸、塑料布、木板之类，用扫帚或木椅等将伤者拨离电源，或用绳子、裤子或任何干布条绕过伤者腋下或腿部，把伤者拖离电源。切勿用手触及伤者，也不要用潮湿的工具

或金属物质把伤者拨开，也不要使用潮湿的物件拖动伤者。如电源开关距离太远，用有绝缘把的钳子或有木柄的斧子断开电源线。③如果患者呼吸心跳停止，应实施人工呼吸和胸外心脏按压。切记不能给触电的人注射强心针。若伤者昏迷，则将其身体放置成卧式。④若伤者曾经昏迷、身体遭烧伤或感到不适，必须打电话叫救护车或立即送伤者到医院急救。⑤高空出现触电事故时，应立即截断电源，把伤者抬到附近平坦的地方，立即对伤者进行急救。⑥现场抢救触电者的原则：现场抢救触电者的经验原则是迅速、就地、准确、坚持。迅速——争分夺秒使触电者脱离电源；就地——必须在现场附近就地抢救，病人有意识后再就近送医院抢救。从触电时算起，50 分钟以内及时抢救，救生率 90% 左右。100 分钟以内抢救，救生率 6.15%，希望甚微。准确——人工呼吸法的动作必须准确；坚持——只要有百万分之一希望就要尽百分之百努力抢救。

（2）现场应急处置注意事项

①使触电者脱离电源的办法：应根据具体情况，以加快为原则，选择采用。在实践过程中，救护人不可直接用手或其他金属及潮湿的构件作为救护工具，而必须使用适当的绝缘工具。救护人要用一只手操作，以防自己触电。②防止触电者脱离电源后可能的摔伤。特别是当触电者在高处的情况下，应考虑防摔措施。即使触电者在平地，也要注意触电者倒下的方向，注意防摔。③如事故发生在夜间，应迅速解决临时照明，以利于抢救，并避免扩大事故。

（三）洪涝灾害事故现场处置方案

1. 事故特征

（1）危险性分析，可能发生的事故类型

厂设备较多，地势相对较低，且部分设备设在车间地平以下，夏季雨水较多，如连降暴雨，厂区易形成积水，淹没电气设备，造成电气故障，威胁生产安全。

发生的条件：有较大的水源，水源包括河、库水和降雨洪水等地表水。

（2）事故发生的区域、地点或装置的名称

各车间、系统的起重作业场所。

（3）事故可能发生的季节和造成的危害程度

一般发生在夏季，如连降暴雨，厂区易形成积水，淹没电气设备，造成电气故障，威胁生产安全。

（4）事故前可能出现的征兆

连降暴雨、河流上游泄洪等。

2. 应急组织与职责

（1）车间应急自救组织形式及人员构成情况：

厂根据各车间日常工作需要，责成各车间成立应急自救小组，车间主任任组长，应急自救小组人员组成本着专业、身强体健、精干、高效、适用的原则，由技术部办公室备案并负责年度业务培训。

各车间自救组织人员：

原料系统：××人　　　成型系统：××人　　　成品系统：××人　　　维修车间：××人　　　后勤：××人

（2）应急自救组织机构、人员的具体职责：

①负责安全培训。②负责现场确定是否对设备断电。③负责抢救设备设施，减少事故损失。④完成应急救援指挥部交办的各项工作。

3. 应急处置

1）应急处置程序

事故发生后，现场人员立即通知单位值班人员，并立即启动《起重事故现场处置方案》，同时通知相关部门。

2）报警电话：×××××××

3）现场应急处置措施及注意事项

（1）现场应急处置措施

①现场人员应迅速掌握洪灾的大小程度及预报雨量等情况，汇报厂领导。②及时组织人员，打开防洪泵，在排水口及大门处投沙袋筑防洪墙。③及时组织人员，清理排水沟和检查井，保持水路畅通。

（2）现场应急处置注意事项

①所有救护人员必须按规定佩戴齐全安全防护器具。②及时关掉低洼处设备电源，防止损坏设备。③切断与救援无关的电源，保证排水供电。④现

场救护人员要听从指挥，统一行动，避免慌乱。⑤现场自救、互救应遵循保护人员安全优先的原则，防止事故蔓延，降低事故损失。⑥应急救援结束后，领导小组要及时总结，查找问题，完善应急救援现场处置方案。

八、破碎系统安全信号操作规定

1. 班前会要明确各岗点专人负责信号操作，其他人员不准操作该岗点信号。多人上班时，一人为主其他人员监护，不准多人同时操作。

2. 操作人员到岗点后，由信号操作人员负责检查该区域内人员及设备安全情况，经检查没有问题后方可操作信号。开机信号发出后，没有解除信号前不准进入不安全区域。

3. 主控室操作工先开启除尘风机，等待岗点人员到位后同时发出请求开机信号。听到主控室发出信号后，皮带就地开机，设备开启后回已经开机信号。振动筛操作工收到请求开机信号后，就地开启振动筛，设备开启后回已经开机信号。锤破信号操作人员先开启电磁除铁器，听到主控室发出请求开机信号后回同意开机信号，主控室操作工收到同意开机信号后依次开启皮带－笼式破碎机－圆盘喂料机－皮带－锤式破碎机－皮带。下料口下料正常后给板式给料机操作工发出请求开机信号，板式给料机操作工接到请求开机信号后检查皮带运转正常后就地开启板式给料机，回已经开机信号。全线启动完毕。

4. 当出现安全人身事故及设备紧急故障等紧急情况时，能就地控制的可以立即就地停止设备，并立即按紧急停止信号。不能就地控制的可以立即按紧急停止信号。主控室操作工接收到紧急停止信号后应立即停止出事故及上一级所有设备。

5. 正常停机时，主控室操作工发出总停机信号后可以直接停机。

6. 喂料工因没有联络信号，设备开启前和开启后都不准攀登皮带。

7. 信号设置：（1）停机信号一响；（2）紧急停机信号长按一响10秒钟；（3）请求开机和同意开机两响；（4）已经开机四响；（5）下班停机信号六响。

8. 主控室操作工不准在没有信号联系或联系不清楚的情况下随意开启设备。信号联系不清楚可以发出单独信号联络，联系清楚后再开启设备。

以上规定严格遵照执行，违反规定者按违章处理，造成事故者按照有关规定加重处理。

九、成型系统设备操作要点

1. 明确设备操作责任人

当班负责人要开好班前会，明确各个操作岗位有一人为主负责操作设备，出勤人多时可以一人操作一人监护，不准多人同时操作设备。

2. 做好开机前的检查

设备操作人员开机前要对所负责操作的设备全面巡视检查一遍，同时要对设备进行简单的维护保养，然后进入到准备开机状态。

3. 各岗位负责操作的设备

机口操作工：机口润滑泵→推条电机；

上搅操作工：上料皮带→上搅离合；

主控操作工：空气压缩机→真空泵→挤出机电机→上搅电机→切坯机；

二搅操作工：二搅电机→上料皮带→箱式给料机→陈化库皮带→回料皮带→二搅离合；

多斗机司机：多斗机；

码坯工：回坯皮带→步进机。

4. 开机顺序

总指挥：机口操作工。具备开机条件后机口操作工先向主控操作工发出开机信号，主控操作工依次开启：空气压缩机→挤出机电机→上搅电机→切坯机→根据进料情况开启真空泵；然后机口操作工向上搅操作工发出开机信号，上搅操作工根据料量情况开启：上料皮带→上搅离合；最后机口操作工向码坯工发出开机信号，码坯工开启：码坯皮带→根据车位需要开启步进机。

上搅操作工开启上料皮带后给二搅操作工发出开机信号，二搅操作工开启：二搅电机→上料皮带→箱式给料机→陈化库皮带→回料皮带→二搅离合（业务熟练后可以上料皮带开停为信号，该皮带开二搅设备即开，该皮带停二搅设备即停）；多斗机司机以陈化库皮带开动为开启信号，皮带开动即开启多斗机。

全部开机完成后即可生产，机口操作工指挥主控操作工开启挤出机离合。

回坯工观察回料皮带是否运行，只有在运行状态下才可以从回坯下料口下料。要注意下料量，不要集中给料太多，造成下料口堵塞。

5. 停机顺序

（1）一般性暂时停机：机口泥条出现问题时由机口操作工指挥主控操作工打开挤出机离合。

上搅操作工观察真空料箱，快要堵真空时可打开上搅离合，如果上搅料较多时可以停止上料皮带给料。

二搅收到停机信号或看到上料皮带停止时可以先打开二搅离合，二搅料箱料多可以停止箱式给料机给料，箱式给料机料满时可以停止陈化库皮带。

回坯工在切坯停止时不要往回料口给料。

（2）生产结束停机：机口操作工发出停机信号后依次停止：挤出机离合→陈化库皮带→箱式给料机→回料皮带→上料皮带→二搅离合→二搅电机→上料皮带→上搅离合→上搅电机→挤出机电机→切坯机→码坯皮带→机口润滑泵→真空泵→空气压缩机。注意箱式给料机、二搅、上搅清空料箱内存料，皮带机上清空存料。

6. 开停机的权力

只有各岗点主操作工有权开停所负责的设备，其他人员无权指挥开停机；只有按规定的上下联系信号开停机，不准越级指挥，其他人员违章指挥，操作人员有权不听。

7. 停机后注意事项

（1）关闭电源，设备处在安全状态；

（2）封闭好机口，保持机口水分；

（3）清理设备卫生；

（4）做好工作记录。

十、成品系统信号管理规定

1. 明确信号操作责任人。

当班负责人要开好班前会，明确各个操作岗位有一人为主负责信号操作。

2. 监控窑车进出。

监控室人员根据窑炉温度及生产需要进出车时，先通知砖坯装（出）窑工在干燥室进车端集合，告知进车窑号、窑内车位及进车数量等情况，人员到位后方可进行操作。

3. 做好发出信号前的检查。

设备操作人员要对所负责操作的设备及工作环境全面巡视检查一遍，确保无误后，方可打点发出信号。

4. 信号意义。

一声长点为停止；两声短点为一号线开始进车；打三声短点表示二号线开始进车；打四声短点表示进车完毕。

5. 信号操作规定。

（1）进车时，出车端人员要回信号（一号线为两声，二号线为三声）表示一切就绪，可以进车；如果没有准备好，就回一声长点停止进车，就绪后，打进车信号，进车端人员再回进车信号，开始进车。进车结束后，打四声短点表示完毕。

（2）发现异常，立即打停止信号停机处理。

（3）听到一声长点后，操作人员要立即停止操作。

6. 对讲机可协助操作，但是不能代替信号。

十一、材料、配件及工具领用、保管及发放管理制度

为认真做好物资材料管理，保证安全生产和各项管理工作需要，更好地促进规范化、程序化、制度化、精细化管理，做到勤俭节约、物尽其用、支出合理、提高效益，现结合实际制定本制度。

1. 做好材料、配件及工具领用、保管及发放管理工作是经营管理工作的重要部分和安全生产的必备条件。各级领导、管理人员和全体员工都应给予足够重视。厂每月 20—25 日召开一次专题管理例会，总结分析本月份材料使用发生情况，审定下月材料配件计划，发现并解决可能存在的问题，不断改进工作。

2. 严格各项物资材料的领用、保管及发放管理制度和工作程序。厂由

一名领导分管负责，组织审批材料配件计划，对生产用材料、配件及工具的发放审批签字，对库房保管和现场使用进行检查监督、对物资材料的使用和管理进行考核。重要事项及时向厂长请示，贵重、稀缺物资和大宗物资由厂长审批签字。

3. 认真做好物资材料的计划、报批、购买工作。

（1）每月 20 日前各车间（部）提交下月生产用材料、配件计划，将下月所需材料明细以书面形式报给材料员，材料员要认真审查各车间（部）所要购买的材料详细清单（品名、等级、规格、数量、色质、到货期限），必要的也可提交样品、示意图，防止误买、错买、多买、少买，以免耽误生产造成损失。

（2）仓库保管人员盘结本月份（上月 20 日到本月 20 日）各类物资的实际发放账目，特别是对于较大批量和稀缺贵重材料的使用情况进行分析说明，提出可能存在的问题，报厂分管领导，以便于在月度例会上分析解决。

（3）严把材料验收标准关。要仔细对照"物资请购计划表"及参考样品认真核实入库材料的品名、等级、规格、产地、单价、数量、色质、性能、质量和期限等。相关的材料应与工程技术人员共同验收，确保入库的材料符合使用要求。如材料不合要求不予验收，并将情况及时通知供货单位。

（4）做好材料价格保护工作。禁止私自将全厂的材料底价和材料供应商有意图告诉无关人员。

4. 认真做好物资材料专业管理和库房保管工作。

（1）厂根据工作需要设置专人负责材料计划和仓库保管工作。材料库房专人管理看守，非仓库工作人员不得随意入内。

（2）所有物品必须按照库房有关要求建立起分类的入库账本和出库账本及相应管理账册。所有账目当天发生当天入账完毕，禁止隔天做账，记录数据、资料认真及时、准确可靠，做到账、卡、物相符。

（3）库房实行标准化定置管理。所有物品必须按照专业化要求及材料的属性和类型按固定位置规范摆放，在固定位置上贴上物品标识以便拿取。动态保持库房清洁卫生和物资放置有序。消防设施和器材齐全有效，防盗、防火、防水、防腐等安全措施落实到位，切实保证库房材料安全。

（4）严把物资发放关。各车间（部）根据工作实际需要，严格按照领料单规定的实际内容（品名、规格、数量）填写领料单，领料单一式三份，领料车间一份、仓库一份、材料员一份，并经领料人、使用车间（部）主管签字、厂长审批，材料员审核无误后方可发放；对不符合规定的领料单，仓库保管人员不得发放，对于有关领导违反规定批发的单据，仓库保管人员有权拒绝发放，并向厂领导汇报。

（5）对于可回收利用或修复再用的材料、配件、工具实行以旧换新。如配件、灯具、电池、接触器、继电器、断路器、阀门、钢丝刷、毛刷、大扫帚、铁锹、镐、三角带、未到更换期损坏的工具、耐磨焊条、计量器具等。初次配发的工具需领用人书面申请并签字，车间主任审核，厂分管领导审批后方可配发。

（6）对于现场不经常使用的机具类工具建立统一管理、借用登记记录。仓库进行统一登记造册建账保管，如工作需要，由施工负责人办理借用手续后使用，用后及时进行清洁维护保养，并于两日内归还。如有损坏，及时修复。确实难以修复的必须在归还时说明原因，对于因使用不当造成损坏或者不能按时归还的，根据情况进行处罚考核。对于不认真清洁维护的，仓库保管人员拒绝收回并进行处罚。对于带病归还影响下次使用的，由上次借用人员负责。

（7）做好仓库及物品的安全保卫工作。根据材料的性能合理放置各类材料，防止材料变形、变质、受潮等现象发生，油脂、氧气、乙炔等易燃易爆物品要单独存放并有防火设施。要经常检查化工类物品的性能、状态，变质且有危险的物品要及时处理。仓库通道出入口要保持畅通，按消防规定摆放消防器具。仓库禁止吸烟，违者一次罚款 10 元。非仓库管理人员未经许可禁止进入。

5. 认真做好现场物资材料的使用、管理工作。

为保证安全生产需要，各车间（部）可以根据需要存放必需的工具及少量的常用材料和易损配件，但要妥善保管，合理使用，防止浪费、丢失、损坏或失盗。各车间主任对本车间的各类设备、配件、材料、公用工具及设施等物品的管理、使用负主要责任，可以根据工作需要指定专人具体负责，严格执行有关管理制度和工作标准，责任落实到人，杜绝各类浪费、丢失、损坏或失盗现象。

6. 加强物资材料管理制度建设和相关人员的思想作风建设。加强监督检查，保证该项工作规范高效、公开透明，人员遵纪守法、廉洁务实，努力提高管理工作水平，以更好地为安全生产及各项工作服务。

十二、特种设备管理制度

1. 为加强对特种设备管理，特制定本制度。

2. 本厂特种设备包括：装载机、空气压缩机。

3. 特种设备操作人员必须经过专业培训合格，持有效证件上岗，否则视为"三违"。

4. 操作者应严格按操作规程操作，严禁超负荷、超规范使用设备。

5. 操作者班前对设备进行认真检查，确认无误后方可使用，班中随时注意观察设备的运行情况，发现故障隐患排除后方可使用，严禁设备带病运行，否则按"三违"处理。

6. 操作者应每日填写运行维护记录，对设备的运行情况及时登记。

7. 特种设备定期参加相关部门组织的年检，装载机每年一次；空气压缩机压力表、安全阀每半年校验一次。

8. 特种设备的安全装置必须保持完好，任何人不得擅自拆卸。

9. 设备在运行过程中发现紧急故障立即停车，由维修人员处理，厂内无法维修的，外委维修。

10. 维修人员对特种设备的修理应认真填写维修保养记录。

11. 特种设备的技术资料由资料员统一建档保存。

12. 操作者每天工作完毕应做好设备清洁及环境卫生工作。

13. 工作中出现油脂泄漏，应及时用棉纱锯末清理干净，严禁渗油、跑风、漏气、漏水等现象。装载机尾气应保证符合环境要求，否则应及时处理。

十三、计量器具管理办法

为加强计量器具管理，特制定本办法。

1. 本办法所指计量器具包括：各种卡尺、千分尺、万用表和氧气表、乙炔表及各种电器仪表、压力表等。

2. 各种计量器具必须妥善保管和使用，不得故意损伤。

3. 为保证安全和质量，严禁使用不准确、失灵或报废的计量器具。

4. 计量器具必须按规定时间到相关部门定期校验，校验不合格的委托相关部门进行修理，失效的打报废单，重新配发。再发的新器具必须到相关部门检定，发合格证。

5. 计量器具有规定使用年限，到年限损坏的直接配发；不到年限损坏的，按剩余年限价格扣罚。

6. 计量器具的管理工作由材料员、文件管理员共同负责。文件管理员负责总账登记、文件传递管理，材料员负责计量器具的计划配发、扣罚、收回、送检。两人要密切联系，每报废或配发一件器具必须有登记。

7. 各计量器具使用者必须听从计量器管理人员的安排，不按时上交的按工作不执行扣罚处罚，无故丢失计量器具的按原价扣罚。发现使用的计量器具失灵，应及时交给材料员到相关部门校验确定。

8. 本办法自公布之日施行。

十四、计量器具使用管理制度

为正确使用、维护和保养在用的计量器具，保障全厂工作顺利开展，特制定本制度。

1. 在用的计量器具应正确维护和保养，严禁对其摔、砸、碰及各类损坏。

2. 计量器具必须有有效的鉴定证书和合格标识方可使用，使用人员应维护保管好合格标识。无故毁坏标识、造成标识不清或脱落的，一次扣罚责任人 20 元。

3. 任何人不得使用不合格、无合格标识或超过鉴定有效期的计量器具，否则一经发现，扣罚责任人 50 元。

4. 计量器具如出现不合格，使用者应及时交材料员送检，送检合格后方能继续使用。任何人不得擅自拆卸维修，否则按损坏计量器具处理。

5. 丢失计量器具者，根据使用年限折价赔偿，每年折价率为原值的10%。

6. 由于责任心不强、使用不当或违章操作造成计量器具损坏者，根据损坏程度按原值的10%～100%进行赔偿，情节严重的加倍处罚。

7. 计量器具必须按规定日期进行鉴定，材料员接到周期鉴定通知后，应及时到指定地点进行鉴定。材料员不按时送检，纳入文明员工考核。

8. 计量器具有规定的报废年限，不到报废年限而报废的，按剩余年限价值扣罚使用者。到报废年限仍能保持其性能及准确度的，按延长年限对等奖励使用人。

9. 常用计量器具报废年限见表2-3。

表 2-3　常用计量器具报废年限

计 量 器 具	报废年限（年）	计 量 器 具	报废年限（年）
卷尺	2	兆欧表	8
游标卡尺	5	氧气、乙炔表	3
万用表	5		

十五、油脂使用管理办法

为降低油脂消耗，防止油脂在使用过程中泄漏和油脂带来的环境污染，特制定本管理办法。

1. 油脂领用必须由使用人员提出计划，厂分管领导根据实际使用情况签字批准方可发放领用。按设备的规定和用量及规定日期加注油脂。

2. 领用油脂的器具都必须事先检查有无泄漏，器具口的封盖是否牢固有效，严禁使用不合格的器具盛油脂。

3. 使用、运输过程中要采取临时措施，防止损坏器具。

4. 注油时所有加注油点都要清理干净，防止进入杂物。

5. 设备容器内的旧油要回收，回收时防止外泄洒落。

6. 定期检查油塞完好情况，防止漏油。发现有渗漏现象应立即采取措施进行处理。

7. 注油时要采用专用工具，防止外泄，对外部转动部位加注油时，只准点滴适可而止，严禁用直倾注油法注油。

8. 对外泄漏散落的油脂，要用棉纱擦干净，废油棉纱要及时清理装在垃圾筒内，定期送到相关部门集中处理。剩油或回收的旧油严禁向水沟内倾倒，必须回收交厂材料员统一管理。搞好油脂的节约和回收利用。

9. 运行过程中出现漏油现象应停机及时处理，先堵漏油源，防止再漏溅，对已漏溅出的油不准向地面冲洗。采用干砂覆盖后再清理干净。

十六、乙炔、氧气的贮存使用管理办法

1. 气瓶不得靠近热源，如必须靠近明火使用时，其最短距离不得小于10m，以防止气瓶受热后压力增大而引起爆炸事故。

2. 要注意防止日光下曝晒，应放在阴凉通风环境下使用。

3. 旋开瓶阀门不要太快，防止压力气流急增，造成瓶阀急冲等事故。

4. 气瓶内气体不能用尽，以保持一定的压力，氧气留有 1~1.5 个大气压。

5. 氧气瓶嘴不得沾染油脂，冬季使用，如瓶嘴冻结时，不许用火烤，只能用热水或蒸汽加热。

6. 乙炔气瓶必须直立使用，不得卧放。

7. 乙炔气瓶与氧气瓶及工作地点一般呈三角形布置，相应间距在 10m 以上。

8. 气瓶运输时应注意以下安全事项：①拧紧气瓶的安全帽。②避免气瓶与气瓶及其他坚硬物体互相碰撞冲击，应轻装轻卸，并避免剧烈振动。③氧气、乙炔气瓶要分别运输。气瓶运输时，不准同车运输其他易燃品，包括油脂和带油物的物品。

9. 气瓶存放应注意的问题：①10m 内禁止堆放易燃品、爆炸品，离开热源、暖气 1m 以上。②气瓶要直立，防止倾倒，气瓶应旋上瓶帽，防止碰坏截门和防止油脂侵入气瓶口内。

10. 装减压器时应注意的事项：①装减压器前，应将气瓶慢慢打开（防止气流过速产生静电火花），吹掉接口内外的灰尘和杂物。②装减压器时，必须注意管接头的丝扣有无脱扣现象，丝扣正常时装上减压器拧好连接螺

纹。然后打开截门，检查有无漏气，是否畅通。操作时人要站在接口的侧面，不要正对接口，防止意外伤人。③操作人员绝对不准用沾有油污的手套、工作服和工具去接触氧气瓶及其附件。④装减压器时还须防止灰尘污物进入表内，装好后先开氧气总截门，然后将调节螺钉慢慢旋紧启开，氧气由此进入低压室返向焊枪。用完后，将调节螺钉慢慢松开，关闭低压室，最后关闭截门。

十七、压力容器安全管理制度

1. 认真执行《压力容器使用登记管理规则》，到安全监察机构或授权的部门办理使用登记手续。

2. 操作人员必须经过安全监察机构培训合格，取得相应的资格证书，方可上岗，凭证操作，无证不得独立操作。压力容器、管道焊接人员应取得特种作业证书。

3. 压力容器的管理人员、操作人员必须严格遵守有关安全法律法规、技术规程、标准、安全岗位制度。

4. 压力容器、管道用阀门、法兰等安全装置应符合质量要求，压力容器、管道的安装维修单位应符合资质要求。

5. 压力容器、压力管道投运前的检查：

（1）形状、尺寸及外观应符合技术标准和设计图样的规定。

（2）不得有表面裂纹、未焊透、未融合、弧坑、表面气孔、未填满和肉眼可见的夹渣等缺陷。

（3）压力管道、阀门应无渗漏，并处于规定位置。

（4）排污阀应无渗漏，并处于关闭状态。

（5）压力表、安全阀均已调整检验合格并处于工作状态。

6. 运行管理。

（1）在岗操作人员，应严格遵守设备操作规程及巡回检查制度，按时逐点对压力容器及附属设施的运行情况进行认真巡回检查，并填写运行日志。

（2）运行中不准有跑、冒、滴、漏现象，不得进行任何修理。

（3）保持安全附件的灵敏可靠，气压稳定。定期对仪表、安全阀等进行校验。

①经常保持压力表表面清洁，使表针指针清晰可见。

②在运行中发现分气缸上的压力表有异常变化时，应及时查明原因；必须用经过校验的压力表。

7. 压力容器发生下列异常现象之一时，操作人员应立即采取紧急停机等措施，并及时向厂部汇报。

（1）压力容器工作压力、介质温度或壁温超过规定值，采取措施仍不能得到有效控制的。

（2）压力容器的主要受压元件发生裂缝、鼓包、变形、泄漏等危及安全的现象。

（3）安全附件失效。压力容器与管道发生严重振动，危及安全运行。

（4）其他异常现象。

十八、消防安全管理规定

为及时有效扑救初起火灾，保护全厂员工人身和财产安全，同时做好消防器材管理，控制材料消耗，特制定本规定。

1. 成立消防安全工作小组

组　长：厂长；

副组长：副厂长；

成　员：工程师、技术员、各车间主任。

2. 具体规定

（1）组长为全厂消防安全第一责任人，同时为兼职消防安全员，负责全厂消防安全工作。

（2）根据消防器材"谁主管、谁负责，谁使用、谁管理"的原则，各车间管理使用。

（3）各车间根据消防器材的使用情况，及时上报维修和配置计划，由仓库进行领取和发放。

（4）各车间要按规定配备放置，即消防锹、消防桶、灭火器等消防器材应配备齐全。

（5）手提式灭火器宜设在挂钩、拖架上或灭火器箱内，其顶部离地面高度不应大于 1.5m，底部离地面高度不应小于 0.15m。

（6）灭火器不得设置在潮湿或强腐蚀性的地点，当必须设置时，应有相应的保护措施。设置在室外的灭火器，必须设置有效的防止日晒雨淋的防护措施。

（7）各车间要做好消防器材的日常保养工作，不得碰坏、损伤消防器材。

（8）各车间要严格管理范围内的消防器材，必须采取必要的措施，防止乱用和被盗。

（9）安全消防组员负责对范围内员工进行消防培训，做到人人重视消防、人人懂消防、人人会消防的效果，做好相关培训记录。

（10）厂部及各车间禁止使用电炉子等消防禁止的设施，油料等可燃物存放地点必须禁止烟火，同时在明显处配有禁止烟火标志。

（11）消防器材专物专用，严禁挪作他用，否则罚车间及责任人每人次 20 元，纳入文明（车间）员工考核。

（12）因消防演习使用消防器材的须事先报厂领导同意，因火灾使用消防器材的，两日内报厂分管领导，并申请更换新器材，不及时报告的按挪用处罚。

第三节　职业健康管理

一、职业卫生管理制度

为加强职业卫生管理，减少职业危害因素，保障员工职业卫生健康，特制定本制度。

1. 目标

职业病查体率 100%，职业病发生率为零。

2. 组织机构及职责分工

（1）组长：厂长；成员：副厂长、工程师、技术员、资料员等。

（2）具体职责分工

①组长是厂主要负责人，也是职业卫生管理工作的第一责任人；

②副厂长全面负责职业卫生管理工作；

③职业病危害事故应急救援预案的编制工作由工程师负责；

④职业健康查体及职业卫生知识的宣传，由资料员等后勤人员负责；

⑤建立健全职业卫生档案的工作，由资料员负责；

⑥劳动保护用品的计划、发放等工作，由材料员负责；

⑦组织职业病危害事故应急救援预案的演练及抢救等工作，由全体成员负责；

⑧培训计划与实施：根据培训计划，由工程师负责联系和通知。

3. 职业病防治管理制度

（1）严格按照"安全第一、预防为主、综合治理"的安全工作方针，认真贯彻落实国家的职业卫生法律、法规和标准。

（2）加强领导，提高领导班子的高度安全责任感和自觉性，积极研究实施防止事故和职业病危害的对策。

（3）加强职业病防治知识的宣传和培训，不断强化员工职业病安全防护意识，使员工自觉执行各项规章制度，不断增强自我防护能力。

（4）加强技术管理，不断优化生产工艺，提高技术装备，积极采用新设备、新材料和新工艺，从根本上减少或杜绝职业病危害。

（5）严格各项考核制度，通过安全竞赛、培训等进行评比和奖惩，与奖金分配进行挂钩，行使安全否决权，不断促进职业病防治效果。

（6）改善工作环境和劳动条件，科学劳动组织、改善工作方法，使员工安心、健康、心情舒畅劳动和工作，发挥更高的劳动积极性。

（7）加强设备管理，作业时，定时对设备进行巡检，及时对设备进行维护和维修，确保设备正常运行。

（8）严格质量验收工作，充分发挥专业技术人员骨干力量，调动和发挥员工的安全生产积极性，做到安全生产人人重视、个个自觉、相互监督，不断促进职业健康安全设施的完善和职业病防治工作的提高。

（9）每月召开职业病防治会议，总结安全生产经验和事故教训，不断提高职业病防治管理能力，优化职业病防治手段，提高职业病防治效果。

（10）建立、完善《职业病有害因素作业人员登记表》，形成职业卫生档案。

（11）及时领取发放员工防尘口罩等防护用品，不得影响员工正常生产使用。

3. 职业卫生安全操作规程

（1）班组长在班前会上必须强调职业卫生安全，要求员工严格遵守职业卫生安全规定，检查所有上岗人员的劳动保护穿戴。

（2）开工前，班组长及岗点工必须按照工作程序检查职业安全防护设备、设施，做好维护工作，使其正常运转，降低或杜绝职业病危害因素。

（3）员工要听从指挥、服从安排，严格按要求佩戴劳动保护用品。

（4）作业工程中，班组长和岗点工要按规定巡检职业安全防护设备、设施，发现问题立即汇报，停机处理，待设施、设备正常工作后，方可继续作业。

（5）积极提议改善职业安全防护设备、设施，不断降低或消除职业病危害。

（6）作业时，如发生职业危害事故，应按照"职业病危害事故应急救援预案"进行处理，不得私自处理。

（7）作业时，不得脱岗、睡岗和串岗，否则，按"三违"处理。

（8）工作结束后，必须及时打扫本岗点卫生，符合职业卫生标准。

二、女员工保护制度

1. 厂依法维护女员工合法权益和特殊利益。

2. 依法对女员工进行劳动保护，不得在女员工孕期、产期、哺乳期降低其基本工资、下岗或解除劳动合同，在经期、孕期、哺乳期不得安排从事国家规定的第三级体力强度的劳动和其他禁忌从事的劳动。

3. 怀孕女员工在劳动时间进行产前检查应算工作时间。

4. 女员工在怀孕后应调离电气焊等对胎儿有危害的岗位，不得从事重体力劳动，不得安排其加班延点。

5. 女员工在生育期的待遇按相关文件执行。

6. 参加妇科检查，检查应算在工作时间内。

7. 女员工在哺乳期不得延长其工作时间，未满 1 周岁的婴儿哺乳时间应算在工作时间内。

第四节　环保和健康管理

一、质量/环境/职业安全健康管理体系内部运行指导书

1. 全体员工要牢记质量/环境/职业安全健康管理体系的方针。

2. 明确厂的环境因素、质量目标以及分解到班组的环境因素。

3. 严格执行全厂的作业文件，即：管理制度、技术文件。

4. 员工应做到：（1）工作期间必须穿戴好劳动保护用品。（2）各岗位工种要持证上岗，严格执行各工种安全操作规程和岗位责任制。（3）各测量设备标识应粘贴牢固、清晰，并予以保护。（4）工作完毕，必须清洗保养设备，收拾工夹量具，清理打扫作业场地；油棉纱置于棉纱回收箱；下脚料装于废铁回收箱；生活垃圾装入垃圾袋，放到指定地点；工业垃圾倒入垃圾箱；清理废油的锯末送往维修车间进行焚烧；严禁将以上废物混装。

5. 严格执行全厂"综合节能措施"和"安全生产岗位责任制"。

6. 按培训计划及时对员工进行培训，培训资料有考勤、试卷、备课本，具体由技术部负责。

7. 各设备要实行挂牌标识，责任到人。

8. 设备修复、维护及其他记录，要求填写规范、内容完整、清晰，不须填写的项目打"/"。每页要有审核人签字，各设备检修记录由维修车间主任审核；废旧棉纱回收、焚烧记录单以及文件员管理的各种记录均由联络员审核；各检查记录由主管或分管领导审核。

9. 产品要求摆放到相应的区域，即合格区、不合格区、待验区、待修区。

10. 消防管理工作执行消防安全管理制度和规定。各消防器材由单位消防管理员管理，各班组要按规定放置，即手提式灭火器宜设在挂钩、拖架上或灭火器箱内，其顶部离地面高度不应大于 1.5m，底部离地面高度不应小

于 0.15m。消防锹、消防桶、消防镐等消防器材应配备齐全。

11. 车间要不定期地对各班组的体系进行检查，每月厂要对质量、环境、安全健康进行大检查：质量、安全检查月中、月底各一次，环境检查一次。质量检查内容记入"自检情况汇报表"中，此表留于技术部。以上内容谁检查谁记录，记录要有时间、参加人员、检查情况、审核人，并且各人员要签字，查出的问题要由记录人员下整改通知单，限期整改。整改通知单下到车间，由车间主任安排班组整改，整改完毕，由车间主任和班组长验收，并在整改单签字，附在检查记录后面。

二、综合节能管理措施

为提高资源综合利用水平，减少能源浪费和对环境的不良影响，降低生产成本，特制定本措施。

1. 用煤管理

(1) 全厂用煤班组为原料系统和成品系统，非正常生产期间消耗定额为 5 吨/月（供参考）。

(2) 原料系统在投煤提升热值时，要视坯垛的发热量控制用煤量，原料发热量正常时不得加煤。

(3) 正常生产时期无需加煤。

2. 用油管理

(1) 全厂主要用油品种为润滑脂和润滑油，要分别加以标识。

(2) 各生产用油必须由分管厂长签字后，方可发放。

(3) 保管员要严格管理，加强责任心，不准私自发放，违反制度严加处理。

(4) 加油、换油时严禁漏油，回收的废油沉淀后若没有变质要再利用。变质的废油储满或存一定量后，及时回收。

(5) 用油车间要严格管理，不准任何人私用，班组人员有权监督。对违反规定者加以处理。

3. 用水管理

(1) 全厂主要用水车间为原料系统、成型系统和成品系统。原料系统和成型系统用水来搅拌原料和清理卫生，成品系统用水来浸砖和清理卫生。以上用水均不对环境造成污染。清理卫生时，要根据卫生状况适当控制水量，不准浪费。

（2）禁止长流水，发现一次扣罚责任车间 30～50 元。

4. 用电管理

（1）全厂用电量最大的设备为破碎设备、电焊机、成型设备、风机。

（2）积极推广应用节能设备（如变频技术）。

（3）禁止长明灯（特殊情况除外），违反规定与文明班组挂钩。

5. 用纸管理

建立纸张领用记录，根据实用量来发放。

三、固体废物管理办法

为加强环境友好型企业建设，给员工创造一个良好的工作场所，对固体废物管理采取如下办法：

1. 在每个车间（班组）设置一个垃圾箱，并作标记。

2. 每个班组设置一个棉纱回收箱和油锯末回收箱，及时将废旧油棉纱和油锯末送交材料房进行焚烧处理，并作焚烧记录。

3. 设置废料存放点。（1）每天完工后，维修车间将换下的损坏零件运往废钢、废铁存放点。（2）严禁将垃圾与废料混入运往一处，若将其运入垃圾站，酌情罚款 50～150 元；若运入废料存放点，发现一次罚款 50 元，并令其清理干净为止。（3）废料堆满后，要及时回收处理。

4. 厂部设置一废旧灯管回收桶，回收一定量后统一处理，并作记录。

5. 厂部所有的废旧色带、硒鼓统一存放在厂部，回收一定量后，与厂家联系回收处理。废旧电池统一存放在维修车间存放处，回收一定量后，送交相关部门回收处理。

四、烟尘排放管理办法

为减少烟尘中有害气体对大气的污染，保护厂区及周边环境和员工身心健康，对烟尘排放采取以下办法：

1. 认真贯彻执行环境方针，严格遵守《中华人民共和国大气污染防治法》。

2. 严格执行《工业炉窑大气污染物排放标准》。

3. 严格执行脱硫和除尘设备使用规定，生产期间必须开机，对违章操作者，纳入文明员工考核。

4. 做好设备的维护、保养工作，确保设备正常运行。

五、噪声治理措施

为降低噪声污染，保护员工身心健康，提高工作效率，特制定本措施。

1. 厂依法维护员工的合法权益。

2. 严格执行"操作规程"，定期维护、保养设备，并执行相关的管理制度。

3. 对车间内工作室及休息室装配双层玻璃，减少噪声影响。

4. 发生异常，立即停机处理，确保设备正常运转。

5. 对设备进行日常维护，并做好相关记录。缺少记录或记录不规范，与"双文明"挂钩考核。

六、废油管理办法

1. 设置废油回收桶，将其放置于材料房和维修车间，并作标记，油桶要放入盘中，存放点要远离火源。

2. 换油时要将废油倒入小桶，然后再装入回收桶。回收的油若没有变质，沉淀后可再利用，回收桶贮满后，放置于油库，定期通知废油回收单位回收，并作记录。

3. 严禁将废油倒入地面或下水道，违者酌情罚款 100~300 元。

4. 由于某种原因，油桶发生泄露，应立即用棉纱堵塞，并将锯末撒于油桶周围，然后更换油桶。

5. 检修设备换油时要有分管领导的批示。

七、油漆使用管理办法

为加强环境友好型企业创建，给员工创造一个良好的工作场所，对油漆使用采取以下办法：

1. 各班组油漆设备时，要将设备置于特制的板或盘中，以防油漆滴于地面，若不慎滴入，要用棉纱擦净。

2. 严禁将漆撒于地面，违者酌情罚款 10～30 元，并令其清理干净为止。

3. 用完的漆桶要集中放置在指定地点，收集一定数量后，进行处理。

八、焊接中烟尘、电弧辐射防治办法

为保障员工身心健康，加强对焊接作业中产生的烟尘、电弧辐射的防治，特采取以下办法：

1. 焊接工件时，必须佩戴符合标准的电焊面罩，以防紫外线及强光的照射而引起电光性眼炎。

2. 严禁不戴面罩或使用劣质面罩焊接。

3. 使用碱性焊条时，要戴口罩，以防烟尘及有毒气体对人体产生危害。

4. 车间窗户和房顶安装排气扇，以便通风换气。焊接时，车间大门要打开，工作地点附近安装一台风扇，保持空气畅通。

九、配电室管理制度

1. 各种电气设备装修，必须遵照电业局规定办理。

2. 配电室每月进行一次供电检查，打扫室内卫生，保持室内清洁，每半年申请一次停电检修。

3. 电开关要按负荷容量选择，不准超负荷运行。

4. 配电室需停电检修时，需报请有关部门同意再进行。

5. 配电室的检修必须严格按作业规程进行，停送电必须两个人进行，一人操作，一人监护，停电时挂上"有人工作，禁止合闸"警告牌。

6. 测量电缆绝缘和电容时，对被测件要及时放电。

7. 拆装和检修开关及其他重要电器部件，要有专人负责，统一指挥，并有安全措施。

8. 配电室内不准存放易燃物品和其他杂物，并按规定配备足够的消防砂和灭火器。

9. 非工作人员禁止进入配电室，遇特殊情况需经厂长批准。

第五节　操作规程

一、装载机司机操作规程

1. 作业前

（1）正确穿戴劳动保护用品。

（2）佩戴上岗证、特殊工种证，确认证件齐全。

（3）检查刹车、方向盘、轮胎、油箱、仪表、喇叭、照明、液压系统等装置是否灵敏可靠，确认车辆状况完好。

（4）辨识危险源，及时处理安全隐患，确保作业安全。

2. 作业中

（1）车辆起步时，要查看周围有无人员和障碍物，然后鸣笛起步。

（2）配料和给料作业时，要明确铲料范围，按车间管理规定和技术要求作业。

（3）给料作业时，待板式给料机空载运转1~20分钟后，方可给料；给料量要持续均匀。

（4）给料时，从下料口上部缓慢均速倒入，防止矸石洒落到料斗两侧。

（5）当遇到生产系统急停时，应立即停止供料，待系统正常运转后，方可继续供料。

（6）接到停工信号后，停止供料。

3. 作业后

（1）将车辆停至规定位置，摘档熄火，并拉上制动，把铲斗降至地面放平。

（2）对车辆进行清理、检查，填写设备运行记录。

4. 安全要求

（1）严禁酒后驾驶，行驶中不准吸烟、饮食和闲谈。

（2）行驶中，要精力集中，时刻注意周围的情况，听从现场管理人员的指挥，稳速行驶；不准超速行驶，不准急转弯，不准蛇形驾驶。

（3）严禁装载机带病出车。

（4）在厂区内行驶注意安全，行驶中如遇不良条件应减速慢行。

（5）车辆在运行中以及尚未停稳时，严禁任何人上下车；下车时，严禁跳车。

（6）除司机室，车辆的其他部位严禁乘人。

二、制砖原料喂料工操作规程

1. 作业前

（1）正确穿戴劳动保护用品。

（2）佩戴上岗证。

（3）检查设备、信号、控制按钮及安全设施的完好状况，确认一切正常、安全可靠。

（4）辨识岗位危险源，汇报处理安全隐患，确保作业安全。

2. 作业中

（1）向主控室发出准开工信号。

（2）接到主控室开工信号，待锤破正常运行后，先后启动皮带和板式给料机。

（3）开机后，检查设备运转情况，如有问题，及时信号通知主控室，停机、切断电源处理。

（4）设备正常启动后，向主控室回复已开机信号。

（5）板式给料机供料后，及时清理石灰石、大块岩石和木屑等杂物，严禁有铁件和其他不能破碎的物料进入锤式破碎机内。

（6）运行中，及时查看锤式破碎机的给料情况，调节板式给料机的输出量。

（7）巡检设备及皮带的运转状况，如有异常情况及时信号通知主控室，停机、切断电源处理。

（8）巡检除铁器铁物堆积情况，如影响皮带运行，及时停机清理。

（9）接到停工信号后，通知铲车司机停止供料；设备空载后，先后停止板式给料机和皮带。

3. 作业后

(1) 检查设备完好情况。

(2) 清理除铁器及现场卫生。

(3) 填写设备运行记录。

4. 安全要求

(1) 空载启动设备，严禁带负荷启动。

(2) 设备运行时，操作人员严禁进行任何清理、调整、加油等工作，以免发生危险。

三、锤破操作工操作规程

1. 作业前

(1) 正确穿戴劳动保护用品。

(2) 佩戴上岗证。

(3) 检查设备、信号、控制按钮及安全设施的完好状况，确认一切正常、安全可靠。

(4) 辨识岗位危险源，汇报处理安全隐患，确保作业安全。

2. 作业中

(1) 确认设备空载，向主控室发出准开工信号。

(2) 开机后，检查设备运转情况，如有问题，及时信号通知主控室，停机、切断电源处理。

(3) 设备正常启动后，向主控室回复已开机信号。

(4) 根据生产需要调整圆盘喂料机上部卸料器的位置，达到均匀给料。

(5) 巡检设备及皮带运转状况，如有异常情况及时信号通知主控室，停机、切断电源处理。

(6) 检查清理皮带料中异物，严禁有铁件和其他不能破碎的物料进入笼式破碎机内，以免损坏设备和造成意外事故。若出现崩坏锤头或铁器进入等异常振动声要立即停机，并向制砖原料控制操作工发出停机信号。

3. 作业后

(1) 切断电源，检查设备。

（2）清理除铁器及现场卫生。

（3）填写设备运行记录。

4. 安全要求

（1）空载启动设备，严禁带负荷启动。

（2）设备运行时，操作人员严禁进行任何清理、调整等工作，以免发生危险。

四、振动（滚筒）筛操作工操作规程

1. 作业前

（1）正确穿戴劳动保护用品。

（2）佩戴上岗证。

（3）检查设备、信号、控制按钮及安全设施的完好状况，确认一切正常、安全可靠。

（4）辨识岗位危险源，汇报处理安全隐患，确保作业安全。

2. 作业中

（1）确认设备空载，向主控室发出准开工信号。

（2）接到主控室开工信号，就地逐台启动振动（滚筒）筛。

（3）开机后，检查设备运转情况，如有问题，及时信号通知主控室，停机、切断电源处理。

（4）设备正常启动后，向主控室回复已开机信号。

（5）巡检振动（滚筒）筛及皮带的运转状况，如有异常（如噪声、电磁铁线圈升温等）情况及时信号通知主控室，停机、切断电源处理。

（6）根据生产需要进行原料采样时，在皮带安全位置作业。

（7）接到停工信号，待大倾角皮带停止运转，振动筛空载后，停止振动（滚筒）筛。

3. 作业后

（1）切断电源，检查设备。

（2）清理除铁器及现场卫生。

（3）填写设备运行记录。

4. 安全要求

（1）空载启动设备，严禁带负荷启动。

（2）设备运行时，操作人员严禁进行任何清理、调整、加油等工作，以免发生危险；皮带运转时，任何情况下不得清理物料和杂物，必须停机清理。

（3）筛网应严加保护，不得用铁器撞击，筛网有余料时，要用带胶工具清扫，不得用金属工具直接接触网面，如有损坏及时修补或更换。

（4）根据生产料量调整各振动（滚筒）筛电流。

（5）不经允许不准随意调整振动（滚筒）筛电流。

五、一搅操作工操作规程

1. 作业前

（1）正确穿戴劳动保护用品。

（2）佩戴上岗证。

（3）检查设备、信号、控制按钮及安全设施的完好状况，确认一切正常、安全可靠。

（4）辨识岗位危险源，汇报处理安全隐患，确保作业安全。

2. 作业中

（1）向主控室发出准开工信号。

（2）接到主控室开工信号，待下一级皮带正常运转后，就地开启搅拌机。

（3）开机后，检查设备运转情况，如有问题，及时信号通知主控室，停机、切断电源处理。

（4）设备正常启动后，向主控室回复已开机信号。

（5）根据上料量大小，控制好加水量，且加水均匀，确保搅拌后原料含水率符合制砖要求，一般在10%～11%范围内。

（6）巡检设备运转状况，如有异常情况及时信号通知主控室，停机、切断电源处理。

（7）接到停工信号，待上一级皮带停止运转，搅拌机空载后，停止搅拌机。

3. 作业后

（1）切断电源，停电挂牌，检查设备，清理一搅箱体内积料和现场卫生。

（2）填写设备运行记录。

4. 安全要求

（1）空载启动设备，严禁带负荷启动。

（2）设备运行时，操作人员严禁进行任何清理、调整、加油等工作，以免发生危险。

（3）随时观察给料情况，不准超载运行。

六、皮带机司机操作规程

1. 总则

（1）皮带运行操作人员必须经过专业培训考试合格，持证上岗。

（2）操作人员必须全面了解和掌握皮带机械电器各部位运行操作原理和性能。

（3）应有专业知识和处理解决皮带操作运行中发生的问题的能力。

2. 开机前检查和准备

（1）认真检查传动装置，电动机、减速器、液力耦合器等各部的螺钉是否齐全、完整紧固，减速器是否漏油、渗油，各部位是否正常。

（2）检查清扫器和各种保护装置是否可靠灵活，是否缺件或缺油。

（3）检查皮带接头是否良好，胶带上有无割挂伤损，皮带上有无木材铁件、矸石等硬物卡壳，有无挤压等不正常现象。

（4）检查皮带张力是否适当，各种电缆线，胶管有无挤压等不正常现象。

（5）检查各改向滚筒，驱动滚筒和上下托辊是否齐全、是否牢固可靠，上下托辊转动是否灵活。

3. 操作及注意事项

（1）皮带操作人员必须穿好工作衣，扎紧袖口，女工应将发辫扎在帽内。

（2）开皮带时必须发出信号指示，与各机头、机尾取得联络并让皮带周围人员远离。

（3）听到开车信号后，按启动按钮，开启输送机，依照煤流方向从料的第一台输送机开始依次启动。

（4）开车后，司机要注意观察设备运行是否平稳，声音是否正常，各部件转动是否灵活，皮带有无跑偏现象。

（5）经常检查电机、减速器、滚筒、轴承的温度是否正常，发现问题及时处理。

（6）必须保持清扫器可靠工作，发现皮带跑偏及时调整。

（7）及时处理皮带上的大块煤矸，以防损坏皮带。随时观察洒水、喷雾装置及其他装置运行情况。

（8）严格按照信号操作，无信号停车和工作中出煤时，应等皮带上无煤时再停车。

（9）停车后，司机要认真检查皮带机头各部件情况，发现问题要及时处理汇报，防止皮带带病运行。

（10）司机离开工作岗位时，必须把机头周围原料清净，切断电源开关闭锁。

（11）在行动中听不清信号时，必须先停车问清情况后方可开车。

七、制砖原料控制操作工操作规程

1. 作业前

（1）正确穿戴劳动保护用品。

（2）佩戴上岗证。

（3）检查设备、信号、控制按钮及安全设施的完好状况，确认一切正常、安全可靠。

（4）辨识岗位危险源，汇报处理安全隐患，确保作业安全。

2. 作业中

（1）开启电磁除铁器和袋式除尘器。按空气压缩机操作规程要求开启空气压缩机。

（2）确认所有岗位操作工做好开工准备后，按开车顺序向各岗点发出开车信号，岗点回开机信号后，逐台开机（皮带及一搅、振动筛、板式给料机由岗点工就地开机）。

开机顺序：皮带机→一搅→皮带机→振动筛→大倾角皮带机→皮带→笼式破碎机→圆盘喂料机→皮带机→锤式破碎机→皮带机→板式给料机→铲车上料。

（3）开机后，随时观察各配电板指示表（电压表、电流表），发现异常可直接停机。

（4）巡检配电柜电缆及各连接点、保险管、熔断器等有无过热、烧熔等现象，发现问题及时停机，汇报处理。

（5）当接到岗点工发出的急停信号后，应按停车顺序逐台停机。

（6）工作结束时，按停车顺序向各岗位发出停车信号，逐台停机。最后，停电磁除铁器和袋式除尘器。

停机顺序：与开机顺序相反，但要适当延长停机时间，以保证设备上无原料时，方可停机。

3. 作业后

（1）切断电源，检查设备。

（2）清理现场卫生。

（3）填写设备运行记录。

4. 安全要求

（1）空载启动设备，严禁带负荷启动。

（2）确认上一级设备正常开启后，方可开启下一级设备。

（3）严格执行谁停电、谁送电制度，严禁外来人员操作本集控室设备。

（4）检查配电设备时，人体距离带电体最小间距 0.5m。

（5）配电柜跳闸后，不准立即恢复送电，必须汇报维修人员查明原因，排除故障后方可送电。

八、多斗机操作工操作规程

1. 作业前

（1）正确穿戴劳动保护用品。

（2）佩戴上岗证。

（3）检查设备、信号、控制按钮及安全设施的完好状况，确认一切正常、安全可靠。

（4）辨识岗位危险源，汇报处理安全隐患，确保作业安全。

2. 作业中

（1）请示监控室选择原料池号。中间换池时，必须通知监控室。

（2）待皮带启动正常后，先启动铲斗传动电机和泵站电机，调整前架缓慢下落，根据铲斗料量控制好挖料深度，使前架固定在某一位置，启动底盘行走电机，使挖掘机沿轨道缓慢运行，原料经铲斗挖起落至皮带上；当下层原料挖完后，再调整前架下落，底盘行走电机反向运行，使挖掘机沿轨道缓慢返回挖掘下一层物料。

（3）巡检输料皮带及多斗挖掘机运行情况，发现问题及时停机、汇报处理。

（4）输料皮带停止时，要及时停挖掘机，防止皮带溢料。

（5）接到停工信号后，停止作业，关闭电机。

3. 作业后

（1）切断电源，检查设备。

（2）清理现场卫生。

（3）填写设备运行记录。

4. 安全要求

（1）作业时，不能在转动部位放置任何物品，尤其工具等钢构件。

（2）运行过程中严禁加润滑油，调整更换机件时必须关掉电动机，停机后方可操作。

（3）保持挖掘机尤其是钢轨周围清洁无杂物，挖掘机运行时作业范围内严禁站人。

（4）启动耙斗取料时，取料量不能过多，以免损坏设备。

（5）设备运行时，操作人员严禁进行任何清理、调整、加油等工作，以免发生危险；皮带运转时，任何情况下不得清理物料和杂物，必须停机清理。

九、二搅操作工操作规程

1. 作业前

（1）正确穿戴劳动保护用品。

（2）佩戴上岗证。

（3）检查设备（包括皮带）、搅拌叶片、搅刀、信号、控制按钮及安全设施的完好状况，检查喷水系统、气动系统是否畅通，减速箱是否漏油，确认一切正常、安全可靠。

（4）辨识岗位危险源，汇报处理安全隐患，确保作业安全。

2. 作业中

（1）检查一切正常后，发出准开工信号。

（2）待上料皮带运转后，逐步开启搅拌挤出机、皮带机、回坯皮带机、箱式给料机和皮带机。

（3）根据来料的湿度调整加水量，且加水均匀，使搅拌后原料含水率符合砖坯要求，严禁水分超标。

（4）随时观察给料情况，不准超载运行，发现给料量过大，要及时调整箱式给料机闸门。

（5）巡视负责范围内皮带的运转状况，如有异常情况立即停机处理，同时信号通知机口工。

（6）巡检负责范围内除铁器铁物堆积情况，及时清理。

（7）收到停机信号或看到上料皮带停止时，要先打开二搅离合，二搅料箱料满后，停止箱式给料机给料。

（8）接到停工信号后，要逐步延时停机，确保设备及皮带空载停机。停机顺序与开机顺序相反。

3. 作业后

（1）切断电源，检查设备。

（2）清理二搅、箱式给料机箱体内积料和现场卫生。

（3）填写设备运行记录。

4. 安全要求

（1）运行过程中，估测含水率时，要在皮带上取料，不准从上料口或搅拌机任何部位取料，也不准用其他物品捣料，防止挤伤或损坏设备。

（2）运行过程中，发现设备声音异常或一旦发现异物掉入搅拌机，立即停机检查处理，不准在运行中处理。

（3）设备运行时，操作人员严禁进行任何清理、调整、加油等工作，以免发生危险；皮带运转时，任何情况下不得清理物料和杂物，必须停机清理。

十、上搅操作工操作规程

1. 作业前

（1）正确穿戴劳动保护用品。

（2）佩戴上岗证。

（3）检查设备、信号、控制按钮及安全设施的完好状况，确认一切正常、安全可靠。

（4）辨识岗位危险源，汇报处理安全隐患，确保作业安全。

2. 作业中

（1）检查一切正常后，发出准开工信号。

（2）待挤砖机开动后，逐步开启上搅、皮带机。

（3）根据来料的湿度及砖坯软硬程度补充加水，使搅拌后原料含水率符合砖坯要求。

（4）正常下料后，要保持上下均匀，泥料在搅拌机内应有 2/3 的高度，确保泥料的密封效果，防止料量不足造成漏真空或料量过多堵塞真空箱。

（5）巡视责任范围内皮带的运转状况，如有异常情况立即停机处理，同时通知机口工。

（6）时刻注意观察真空表，要确保不低于 -0.092 MPa，如有异常，及时汇报处理。

（7）收到停机信号，要先打开上搅离合，上搅料箱料满后停机。

（8）接到停工信号后，要逐步延时停机，确保搅拌机皮带空载停机。停机顺序与开机顺序相反。

3. 作业后

（1）切断电源，检查设备。

（2）清理上搅箱体内积料和现场卫生。

（3）填写设备运行记录。

4. 安全要求

（1）运行过程中，不准从上料口或搅拌机任何部位取料，也不准用其他物品捣料，防止挤伤或损坏设备。

（2）运行过程中，发现设备声音异常或一旦发现异物掉入搅拌机，立即停机检查处理，不准在运行中处理。

（3）设备运行时，操作人员严禁进行任何清理、调整、加油等工作，以免发生危险；皮带运转时，任何情况下不得清理物料和杂物，必须停机清理。

十一、机口工操作规程

1. 作业前

（1）正确穿戴劳动保护用品。

（2）佩戴上岗证。

（3）检查设备、信号、控制按钮及安全设施的完好状况，确认一切正常、安全可靠。

（4）辨识岗位危险源，汇报处理安全隐患，确保作业安全。

2. 作业中

（1）开机前核对机口尺寸，以保证砖坯尺寸合格。

（2）先开启空压机（检查压力）、真空泵、润滑泵和切条、切坯机。

（3）向码坯工及其他岗点发开工信号，所有岗点回开机信号后，准备开机。

（4）待码坯皮带正常启动后，开启挤砖机。

（5）能够根据出泥条的情况迅速判断形成原因，并进行处理，保证砖坯质量。

（6）砖机正常运转后，确保真空度不低于$-0.092MPa$，挤砖机电流稳定，润滑泵表压在$3\sim4MPa$之间。

（7）随时检测坯条软硬程度，及时与上搅、二搅联系，保证泥条硬度均匀，符合要求。

（8）注意观察切条、切坯机运行情况，发现断钢丝等问题，立即停机更换。换下的钢丝集中存放，以免混入泥料中。

（9）及时清理轧花机及切条机托辊泥料。

（10）随时观察电流情况，发现异常可直接停机。

（11）停工时，发出停工信号，待上搅停止后，逐步停止挤砖机、切条切坯机，切条、切坯机上不得存有泥条。最后关闭空压机、真空泵和润滑泵。

（12）停工后必须包封机口保持真空室泥料湿度。

3. 作业后

（1）切断电源，检查设备。（2）清理现场卫生。（3）填写设备运行记录。

4. 安全要求

（1）禁止在切条机对应切丝的另一侧站立、停留，防止切条弓臂反弹伤人。

（2）禁止手指或其他任何物品遮挡光电开关感应区，以免切坯机做出切坯反应，造成非正常切坯或伤人事故。

（3）作业中，严禁身体任何部位及其他物品进入切条机弓臂运动范围和推坯机推板运动范围。如需进行清理和其他作业，必须停机闭锁处理。

（4）设备运行时，操作人员严禁进行任何清理、调整、加油等工作，以免发生危险。

十二、码坯工操作规程

1. 作业前

（1）正确穿戴劳动保护用品。

（2）佩戴上岗证。

（3）检查设备、信号、控制按钮及安全设施的完好状况，确认一切正常、安全可靠。

（4）辨识岗位危险源，汇报处理安全隐患，确保作业安全。

2. 作业中

（1）请示监控室人员码坯方式（班长执行）。

（2）检查一切正常后，发出准开工信号。机口工回复开工信号后，开启皮带机。

（3）注意观察砖坯情况，发现软坯、无真空、有缺陷等不合格砖坯应立即回坯，不准将不合格砖坯码入窑车。

（4）严格码坯质量：

①码放的砖坯上下垂直、不歪斜，压槎、堆垛四周立面平整。

②火道及所有通风孔前后垛对齐，保证气流畅通。

③"边密中稀，上密下稀"，保证气流均布，温度均匀。

（5）根据码坯距离需要移动步进机。

（6）注意码坯皮带及步进机运行情况，发现异常，及时切断电源停机处理。

（7）窑车移动到位后，通知机口工正常生产。

（8）接到停工信号后，将皮带上所有砖坯码完后，停止皮带。

3. 作业后

（1）切断电源，检查设备。

（2）清理现场卫生。

（3）填写设备运行记录。

4. 安全要求

（1）开动步进机时，要通知现场码坯人员后，方可操作按钮。

（2）窑车移动时，码坯作业人员不得站在窑车上。

（3）窑车过码坯皮带时，两窑车之间不能出现空隙，否则不允许开动步进机。

（4）设备运行时，操作人员严禁进行任何清理、调整、加油等工作，以免发生危险；皮带运转时，任何情况下不得清理物料和杂物，必须停机清理。

十三、制砖成型主控工操作规程

1. 服从厂部和车间管理，听从指挥，认真完成各项生产任务，实现安全生产。

2. 按时参加安全、政治和业务学习，积极完成各项培训任务，胜任本岗位工作。

3. 负责真空泵、机口润滑泵、运坯皮带、挤出机电机、上搅电机、挤出机、上搅、切坯机的开停及空气压缩机的操作维护。

4. 对切坯机换丝过程中以及码坯换位中的开停机，准确操作。

6. 注意观察本岗位设备运行状况，发现隐患立即汇报处理。

7. 注意与各岗点操作工的开停机信号交流，操作按钮要准确及时。

8. 自觉遵守厂部和车间管理制度，不迟到、早退；班中严禁睡岗、脱岗、串岗，不做与本职工作无关的事情。

9. 严格交接班制度，交班前清理岗位范围卫生，保持设备和卫生区的清洁，做到文明生产。

10. 班中必须正确佩戴劳动防护用品。

十四、窑炉监控工操作规程

1. 作业前

(1) 正确穿戴劳动保护用品。

(2) 佩戴上岗证。

(3) 检查设备、信号、控制按钮及安全设施的完好状况，确认一切正常、安全可靠。

(4) 辨识岗位危险源，汇报处理安全隐患，确保作业安全。

2. 作业中

(1) 质量监控

① 按规定温度曲线图和生产需要调整风机频率和烟道闸板，控制干燥和焙烧温度，根据焙烧窑内温度变化情况，适量向窑内加煤，以达到最佳的焙烧温度，保证砖坯烧成质量。

② 按照储料先后顺序，指示皮带机司机选择陈化池下料池号，做好记录。

③ 根据储料陈化时间，指示多斗机挖料池号，做好记录。

④ 成型系统生产时，窑炉监控值班人员要对砖坯进行抽样检查，监督

砖坯质量。

⑤ 根据生产需要和原料发热量，由专人及时指导码砖方式与数量。

⑥ 检查考核码坯质量。

（2）微机操作、记录、系统调整工作

① 监控窑炉温度、压力、窑车位置等各项参数，做好计算机及记录本两种记录。

② 根据进出车情况，及时移动窑车运行工艺流程牌板中的窑车号牌，确保与实际相符。

③ 巡检风机（循环水）、窑门、牵引机、脱硫除尘器、热交换器等设备，如有停机、不正常振动及杂音等，及时汇报处理。每班检测脱硫塔沉淀池水 pH 值，及时补充碱液，确保在 6~8 之间。

④ 监视窑炉进出车情况和 18 号皮带的运行情况，发现问题立即通知操作工。

⑤ 维护好微机系统和风机变频系统设备，确保正常运行，提供准确数据。

（3）干燥室进车

① 通知砖坯装（出）窑工，明示进出车窑号及进出车数量，准备进出车作业。

② 检查窑车台面大板砖有无外伸错位，是否影响窑车运行。

③ 检查轨道及连接处，如轨道活动或空隙过大影响进车，应及时汇报车间主任处理。

④ 开动重车牵引机，将窑车带至摆渡车（定好位）。同条生产线进车，挡车器则打开；如不同生产线进车，则打上两端挡车器，收回定位器，将摆渡车带至需进车干燥室门口，定好位，打开挡车器。

⑤ 向干燥室尾发出进车信号，听到准进车信号后，提起端门和截止门，开始进车。

⑥ 窑车到位后，将顶车机、重车牵引机复位，落下端门和截止门。

⑦ 到干燥室出车端检查砖坯干燥质量，如有问题及时汇报调整。

3. 作业后

（1）填写交接班记录，现场交接班，对存在问题要交接清楚。

（2）填写设备运行记录。

4. 安全要求

（1）设备运行中严禁进行加油、清理等操作，处理异常情况必须停机。

（2）在窑顶作业时，注意安全操作，严禁随意走动，不得做与工作无关的事。

（3）调节管道闸阀时必须戴防护手套，以防烫手。

（4）打开加煤孔时，严禁眼睛直对加煤孔。

（5）当干燥室实际温度曲线和理论曲线偏差过大时，及时调节送热风机频率与闸板，调整风量与风温，以免砖坯干燥不透或砖坯过热引起干燥室内自燃事故。

（6）正常生产时，排烟风机、车底平衡风机和排潮风机严禁停机。如遇停电情况，应按窑炉停送电操作程序开停风机和窑门以及其他设备。

（7）巡检冷却水温度，严禁停水，检查轴承座润滑油位，严禁缺油运行。

（8）进车过程中要观察窑车运行情况并注意倾听设备运转声音，发现异常要停车检查，现场当时不能处理的应及时汇报有关领导。超宽车辆不准强行进车，应修复合格后方可进车。

（9）进出车过程中，要注意设备运行位置，在端点位置要及时停机，以防行程开关失效，造成运行过位而损坏设备。

（10）摆渡车在操作前要确保轨道上及周围清洁无杂物；摆渡车运行时，摆渡车运行范围内不得有人作业或停留，空车不得载人。

十五、砖坯装（出）窑工操作规程

1. 作业前

（1）正确穿戴劳动保护用品。

（2）佩戴上岗证。

（3）检查设备、信号、控制按钮及安全设施的完好状况，确认一切正常、安全可靠。

（4）辨识岗位危险源，汇报处理安全隐患，确保作业安全。

2. 作业中

（1）干燥室出车

① 将摆渡车开至出车干燥室门口，定好位。

② 检查摆渡车轨道连接处以及外侧挡车器是否闭合到位，确认不影响窑车运行。

③ 提起窑门。

④ 向窑头发出准进车信号。

⑤ 准备好拉引小车，开动出车拉引机向外拖车。

⑥ 坯车到位后，闭合里侧挡车器。

⑦ 拉引小车复位，关好窑门，收回摆渡车定位器，将摆渡车开到进车的焙烧窑门口，定好位。

（2）焙烧窑进车

① 检查摆渡车、轨道及窑车耐火砖，看是否影响窑车运行。

② 将摆渡车对准轨道，定好位，打开里侧挡车器。

③ 提起外窑门，开启顶车机油泵，向预备室顶车，坯车到位后，关闭外窑门。

④ 向窑尾发出顶车信号，通知窑尾人员关闭窑门冷却风机，提起出车端窑门。

⑤ 收到允许顶车信号后，提起截止门，开始向窑里顶车。

⑥ 坯车到位后，落下截止门，向窑尾发出到位信号，通知窑尾人员落下窑门，开启冷却风机。

⑦ 将顶车机复位，收回摆渡车定位器，将摆渡车开到干燥室门口定位停放。

⑧ 检查干燥窑和焙烧窑的砂封情况，适量加砂。

（3）焙烧窑出车并带至卸车线

① 将摆渡车定好位，调好挡车器。

② 按信号指示，停窑门冷却风机，提起窑门。

③ 开启出车牵引机。

④ 砖车到位后打上挡车器，牵引机复位，按信号指示落下窑门，开启

冷却风机。

⑤ 收回摆渡车定位器。

⑥ 将摆渡车开到回车线，对准定位调好挡车器。

⑦ 开启双向牵引机将坯车拉到位，牵引机复位。

⑧ 收回摆渡车定位器，将摆渡车开到焙烧窑门口定位停放。

(4) 卸车线出车向回车线带车

① 将摆渡车开到卸车位，定位调好挡车器。

② 开启双向牵引机将窑车牵到摆渡车上，闭合挡车器，牵引机复位；检查窑车台面情况，如有问题，通知维修工及时修补。

③ 收回定位器，根据窑车情况，将摆渡车摆到回车线轨道处或检修坑处。

④ 将摆渡车定好位，打开挡车器。

⑤ 开启空车牵引机，将窑车带到需要位置。

⑥ 修补密封纤维毡条，向窑车车轮轴承加油。

⑦ 将摆渡车定位器收回，把摆渡车摆至焙烧窑门口定位停放。

3. 作业后

(1) 填写交接班记录，现场交接班，对存在问题要交接清楚。

(2) 填写设备运行记录。

4. 安全要求

(1) 操作设备的过程中，手不能离开操作按钮，以防行程开关失效，造成设备过位而损坏。

(2) 设备在运行中，严禁进行加油、清理等操作，处理异常情况必须停机。

(3) 摆渡车在操作前要确保轨道上及周围清洁无杂物；摆渡车运行时，摆渡车运行范围内不得有人作业或停留，空车不得载人，不得离开操作台。

(4) 在重车作业过程中，注意行车安全，防止砖垛歪倒给人身和设备造成伤害。

(5) 超宽车辆严禁带入回车线使用。

十六、机修工操作规程

1. 作业前

（1）正确穿戴劳动保护用品。

（2）佩戴上岗证。

（3）辨识岗位危险源，汇报处理安全隐患，确保作业安全。

2. 作业中

（1）检修作业

① 巡检设备：检查运转中各处螺钉、键和销子是否有松动或异常现象，各齿轮、链轮、皮带轮等传动装置的防护罩是否可靠，各种机械的注油孔的防尘盖是否损坏。

② 记录巡检发现的问题。

③ 执行停送电制度，填写"设备检修停（送）电记录表"，悬挂"检修"标识牌。

④ 按作业标准检修设备。

（2）高空作业

① 准备好登高作业工具和安全设施。

② 稳定扶梯等安全设施，设专人监护，系好安全带。

③ 按检修标准作业。

④ 使用多节梯时，两节之间要回挡卡牢，系好拉绳，防止上部梯节滑脱；抽拉上部梯节及扶梯时，手要避开梯节运动路线，防止挤手伤人。

（3）起吊作业

检修时如需起重机搬运，必须按起重工操作规程进行。

（4）砂轮机作业

使用砂轮机时，必须按砂轮机操作规程进行。

（5）手电钻作业

使用手电钻时，必须按手电钻操作规程进行。

（6）窑车维护

① 窑车卸砖后，对窑车进行检查维护。对窑车进行如下检查，严禁带

病进入窑内。

a. 检查耐火材料台面变形情况，破损情况，及时修补。

b. 检查车轮转动是否灵活，发现缺油应立即汇报，损坏的要立即更换、维修。

c. 检查金属框架有无变形、烧损，做到及时修补。

② 按窑车安全运行要求对窑车存在问题进行维修。

③ 修补好的窑车通知砖坯装（出）窑工带至回车线。

3. 作业后

（1）清点回收工具和材料，清理现场，防止维修工具和材料等异物进入设备和原料中。

（2）摘除"检修"牌，填写设备检修停（送）电记录表和设备检修记录。

4. 安全要求

（1）在检修、运输和移动机械设备前，要注意观察工作地点周围环境情况，保证人身和设备安全。

（2）排除有威胁人身安全的机械故障或按规程规定需要监护的工作时，必须安排专人负责。

（3）设备在转动时禁止修理、加油等工作，在停止工作时，禁止把工具放在设备上。

（4）高空作业

① 禁止在临时梯子上或不牢固的踏板上使用电动工具。

② 高空或平地作业时，不允许投扔工具。

（5）带有牙口、刀口及尖锐的工具应设防护装置，以免伤人。

（6）钻孔时，必须将袖口扎紧，不准戴手套，并禁止用手清除铁屑。

（7）在磨削时必须佩戴防护眼镜。

（8）在使用手锤作业时禁止前方站人，防止伤人。

（9）拆装轴瓦件时，应使用铜棒、铅锤或木槌垫着锤击，不得直接用大锤敲打。

（10）根据设备安全要求及时更换零配件及润滑油、机械油等油料。更换后的废油、废料及带油的棉纱应存放到指定的安全地点。

十七、配电工操作规程

1. 作业前

（1）正确穿戴劳动保护用品。

（2）佩戴上岗证和特种作业证。

（3）辨识岗位危险源，汇报处理安全隐患，确保作业安全。

2. 作业中

（1）配电工每天巡查一次箱式变电亭内电气设备的安全运行，重点巡查以下内容：

① 电气设备的主绝缘设施应清洁、无破损裂纹、异响及放电痕迹。

② 电气设备和电缆、导电排的接头应无发热、变色及打火现象。

③ 变压器温度应正常，无异响。

④ 电缆头无漏胶现象。

⑤ 仪表和信号指示、继电保护指示应正确。

⑥ 电气设备接地应良好，高压接地保护装置和低压漏电保护装置工作正常，严禁甩掉不用。

（2）箱式变电亭内高、低压电气设备停电操作：接到停电指令或持有"停电申请表"的作业人员及检查人员的停电要求后，做如下操作：

① 停高压开关时，应核实要停电的开关，确认无误后方可进行停电操作。停电操作必须戴绝缘手套、穿绝缘靴或站在绝缘台上，操纵高压开关手柄，切断真空断路器，并在手柄上挂上"有人工作，禁止送电"的警示牌。

② 如检修开关或变压器时，在切断断路器后，必须拉开隔离开关，并装上隔板。

低压馈电开关停电时，在切断开关后，实行闭锁，并在开关手柄上挂上"有人工作，禁止合闸"的警示牌。

（3）箱式变电亭内高、低压电气设备送电操作：当值班人员接到送电指示或作业人员已工作完毕，原联系人要求送电时，应核实好要送电的开关，确认送电线路上无人工作时方可送电，严禁约定时间送电及电话联系送电。

送电操作如下：

① 高压开关合闸送电：取下停电作业牌，戴好绝缘手套，穿戴绝缘靴或站在绝缘台上，取下隔板，闭合隔离开关，操作断路器手柄或按钮进行合闸送电。开关合闸后，要听、看送电的有关电气设备有无异常现象，如有异常现象，立即切断断路器，并向值班及有关人员汇报。

② 低压馈电开关送电操作如下：取下开关手柄上的"有人工作，禁止合闸"牌后解除闭锁，操作手柄合上开关。

（4）特殊操作

① 在供电系统正常供电时，若开关突然跳闸，不准送电，必须向值班室和有关人员汇报，查找原因进行处理，故障排除后，方可送电。

② 发生人身触电及设备事故时，立即断开有关设备的电源，并立即向厂值班领导汇报。

（5）操作顺序：停电倒闸操作按照断路器、负荷侧开关、电源侧开关的顺序依次操作。送电顺序与此相反。

3. 作业后

（1）清点回收工具和材料，清理现场。

（2）填写设备检修记录。

4. 安全要求

（1）班前不准喝酒，严格遵守交接班制度和岗位责任制，严格遵守本操作规程及有关规程的规定。严禁单人作业，必须一人操作，一人监护。

（2）倒闸操作必须一人操作，一人监护。重要的或复杂的倒闸操作，应由熟练的配电工或值班员操作。进行操作时要严肃认真，按操作顺序操作。

（3）进行送电操作时要确认该线路上所有的工作人员已全部撤回，方可按规定程序送电。

（4）操作中有疑问时，应查明原因，确定无误后再进行操作。无法排除疑问时，必须向有关电气技术人员报告。

（5）操作高压刀闸或开关时，均应戴绝缘手套，穿绝缘靴或站在绝缘台上。雨天在室外操作高压设备时，绝缘棒应有防雨罩。雷雨天禁止倒闸操作。

（6）严禁带负荷停送刀闸（或隔离开关），停送刀闸（或隔离开关）要果断迅速，并注意刀闸是否断开或接触良好。

（7）电气设备停电后（包括事故停电），在未拉开开关和做好安全措施以前，不得触及设备或进入遮栏，以防突然来电。

（8）凡有可能反送电的开关必须加锁，开关上悬挂"小心反电"警示牌。

（9）箱式变电亭内不得存放易燃易爆物品，不得有鼠患，箱式变电亭电室内无渗水漏雨现象，应保持干燥。

十八、电（气）焊工操作规程

1. 作业前

（1）正确穿戴劳动保护用品。

（2）佩戴上岗证和特种作业证。

（3）辨识岗位危险源，汇报处理安全隐患，确保作业安全。

2. 作业中

（1）检查设备、工具（如电焊机接地是否牢固，需用工具是否完整无缺），排除一切不安全因素。

（2）固定待焊工件，按作业标准和质量要求进行作业。

3. 作业后

（1）切断电源，盘好电缆线，清扫场地。

（2）清查工作现场，清除火种，当确认无安全隐患后，方可离开现场。

（3）填写设备检修记录。

4. 安全要求

（1）作业场所应有良好的自然通风和充足的照明，物料摆放整齐，并留有必要的通道，配备数量足够的有效灭火器材。

（2）作业前必须穿戴符合国家有关标准规定的防护用品，严禁穿化纤工作服上岗。

（3）焊接场所不得存有易燃、易爆物品，在人员密集的场所工作，必须设置有效的活动遮光板。

（4）禁止焊接密封容器、有压力的容器和带电设备。在金属容器内和金属结构上及触电危险性较大的场所焊接，必须采取专门的安全措施。

（5）焊机的二次输出线必须使用焊接电缆线，严禁用其他金属线代替。

（6）电焊机外壳必须要有可靠的保护接地，接地电阻不得大于4Ω，接地线固定螺栓直径不得小于M8。

（7）在禁火区内进行电焊，必须办理动火许可手续。

（8）每台电焊机必须装有独立的电源开关，控制开关应选用封闭式的自动空气开关或铁壳开关。移动式电焊机在工作潮湿的环境下必须加装漏电保护装置。

（9）电焊机外露带电部分，要有完好的隔离防护措施，接线柱之间、接线柱与机壳之间必须绝缘良好。

（10）露天作业电焊机必须有遮阳和防雨雪等安全措施。

（11）气割场所10m以内不得存放易燃易爆物品。

（12）高空作业时，必须按规定使用安全带，并严格遵守高空安全作业的规定。

（13）禁止在输电线路下放置乙炔发生器、乙炔瓶、氧气瓶等气焊设备。

（14）气割作业中的注意事项

① 各种气瓶均应竖立稳固或装在专用胶轮车上使用。

② 气割设备严禁沾染油污和搭架各种电缆，气瓶不得剧烈振动及受阳光曝晒，开启气瓶时，必须使用专用扳手。

③ 严禁将正在燃烧的焊割炬随意放置。

④ 在容器内交替使用电焊和气割时，要在容器外点燃割炬，容器内不得存放焊割炬。

⑤ 在密封容器、桶、罐中作业时，应先打开其孔、洞，使内部空气流通，并设专人监护。

⑥ 禁止用氧气对局部焊接部位进行通风换气，不准用氧气代替压缩空气吹扫工作服和吹除乙炔管道内的堵塞物，或用做试压及气动工具的动气源。

⑦ 各类气瓶要远离明火和热源，且与明火保持10m以上的距离，氧气

瓶与乙炔瓶保持 5m 以上的距离。

⑧ 安装减压器，先将氧气瓶阀稍稍打开，吹除瓶嘴处污物。

⑨ 安装减压器后，必须开启氧气阀，检查各部位有无漏气、压力表工作是否正常，待正常后再接氧气胶管。

⑩ 开启氧气瓶阀门时，不得急剧开启，动作应轻缓，并且人站在瓶嘴侧面。

⑪ 夏季露天作业，氧气瓶应有防曝晒的安全措施。

⑫ 冬季使用氧气、乙炔气瓶发现有冻结现象时，氧气、乙炔可用温水解冻（但不能超过 40℃），严禁用明火烘烤。

⑬ 电气焊在同一场所作业时，氧气瓶必须采取绝缘措施，乙炔气瓶要有接地措施，严禁在气瓶上电焊引弧。

⑭ 瓶内气体不可全部用尽，氧气瓶必须留有 0.1MPa 以上的剩余压强，乙炔气瓶必须留有 0.05～0.1MPa 的剩余压强。

（15）电弧焊作业中的注意事项

① 拉、合闸操作时，必须戴皮手套，同时要侧身，脸部偏斜。

② 严禁使用厂房的金属结构、管道或其他金属物搭接代替导线使用。

③ 露天进行焊接作业，应顺风操作，防止灼伤。在室内操作，要有烟尘排除装置。在狭小空间或容器内操作应采取必要的安全措施。

④ 禁止将正在工作中的热焊钳浸入水中冷却。

⑤ 操作中断时，电焊钳应有固定存放位置，不得随意乱放。

⑥ 工作中要经常检查电缆线，若发现有损坏，应及时修复。

⑦ 电缆线应整根使用，如需加长，其接头处应接触良好、牢固、绝缘可靠。

⑧ 电焊机应按额定电流和暂载率使用，严禁超载运行，避免绝缘烧损。

⑨ 工作中如设备出现故障，应立即切断电源，找专职电工进行检修，焊工不得擅自处理。

十九、电气设备维修工操作规程

1. 作业前

（1）正确穿戴劳动保护用品。

（2）佩戴上岗证和特种作业证。

（3）辨识岗位危险源，汇报处理安全隐患，确保作业安全。

2. 作业中

（1）对电气设备进行检查，填写巡检记录。

（2）检修前，执行停送电制度，填写"电气设备检修停（送）电工作单"，悬挂"有人工作、禁止送电"停电牌。

（3）对设备进行放电、验电和接地，挂"已接地"牌。

（4）按作业标准检修设备。

3. 作业后

（1）恢复电源，清点回收工具和材料，清理现场。

（2）填写设备检修记录。

4. 安全要求

（1）必须随身携带合格的验电笔和常用工具、材料，并保持电工工具绝缘可靠。在检修、运输和移动机械设备前，要注意观察工作地点周围环境情况，保证人身和设备安全。检修时如需起重搬运，必须按起重工操作规程进行。

（2）排除威胁人身安全的机械故障或按规程规定需要有人监护时，不得少于两人。

（3）所有电气设备、电缆和电线，不论电压高低，在检修检查或搬移前，必须首先切断设备的电源，严禁带电作业、带电搬运和约时送电。

（4）电气设备停电检修检查时，必须将开关闭锁，挂上"有人工作、禁止送电"警示牌，派专人看管好停电的开关，以防他人送电。双回路供电的设备必须切断所有相关电源，防止反供电。

（5）当要对低压电气设备中接近电源的部分进行操作检查时，应断开上一级的开关，并对本台电气设备电源部分进行验电，确认无电后方可进行操作。

（6）电气设备停电后，开始工作前，必须用与供电电压相符的测电笔进行测试，确认无电压后进行放电，放电、短路接地完毕后开始工作。

（7）一台总开关向多台设备和多地点供电时，停电检修完毕，需要送电时，必须与所供范围内的其他工作人员进行联系，确认无其他人员工作时，方准送电。

（8）电气设备拆开后，应把所拆的零件和线头记清号码，以免装配时混乱和因接线错误而发生事故。

（9）拆装机器应使用合格的工具或专用工具，按照一般修理钳工的要求进行，不得硬拆硬装以保证机器性能和人身安全。

（10）检修中或检修完成后需要试车时，应保证设备上无人工作，先进行点动试车，确认安全正常后，方可进行正式试车或投入正常运行。

（11）机械设备应定期检查润滑情况，按时加油和换油，油质油量必须符合要求不准乱用油脂。

（12）发生电气设备和电缆着火时，必须及时切断就近电源，使用电气灭火器材（如灭火器和砂子）灭火，不准用水灭火，并及时汇报。

（13）发生人身触电事故时，必须立即切断电源或使触电者迅速脱离带电体，然后就地进行人工呼吸，立即向厂值班领导汇报。触电者未完全恢复，医生未到达之前不得中断抢救。

（14）严禁单人作业，必须一人操作，一人监护。

二十、化学分析工操作规程

1. 作业前

（1）正确穿戴劳动保护用品。

（2）佩戴上岗证和特种作业证。

（3）检查设备、控制按钮及安全设施的完好状况，确认一切正常、安全可靠。

（4）辨识岗位危险源，汇报处理安全隐患，确保作业安全。

2. 作业中

（1）当班将皮带司机采取的原料样品提回实验室。

（2）按照规定做含水率、发热量等试验。

（3）填写化验记录。

（4）将化验结果按规定送至监控室、工程师等处。

3. 作业后

（1）切断电源，检查设备，清理现场。

4. 安全要求

（1）使用仪器、设备时，要时刻注意仪器设备的状况，发现异常情况要立即停机检查处理，如不能处理，要及时向厂值班人员汇报。

（2）操作仪器时，必须熟悉掌握仪器设备使用说明书，严格按照说明书规定操作和相关项目的国家标准进行操作，严禁违反使用说明和国家标准操作使用仪器。

（3）干燥箱严禁干燥煤矸石样以外的物品，温度调节不能高于干燥煤矸石样干燥规定温度，开关柜、配电箱、高温设备等电器周围不得堆放可燃物品。

（4）使用爱护好各种仪器、设备，保持洁净卫生，以防灰尘和油物污染造成事故。严格按照使用要求操作仪器、设备，以免操作程序错误造成事故。

（5）建立化验药品发放台账，严格按规定要求使用存放药品，以防因使用或存放不当造成事故。

（6）仪器、设备停电后方可清理卫生，严禁带电清理，以免造成事故。严禁用水冲刷化验设备和电气设备，以防产生设备故障和漏电事故。

（7）仪器、设备有接地保护，电线敷设规整，发现电气问题应及时汇报。

（8）使用有害药品，要穿戴保护用品，以免造成伤人事故。

（9）做化验项目时，操作人员严禁离开工作现场，必须现场监控仪器设备以及整个化验过程，试验结束后方可离开。

二十一、质检员操作规程

1. 学习掌握煤矸石制砖工艺过程中质量控制理论知识，能够胜任本岗位工作。

2. 上班后，根据工作安排和领导指示，制定工作计划，准备相应质量检查表格。

3. 每班对原料、砖坯及成品砖质量进行检查验收，对于查出的质量问题，及时记录、汇报；对严重影响生产质量的行为进行制止和处罚。

4. 及时整理质量检查表格，按照领导要求，将质量问题和建议进行总结，汇报分管领导。

5. 严格按照煤矸石烧结砖质量标准和相关质量文件从事检查工作。

6. 工作时，要严肃认真、不徇私情，严把每一个质量关。

第三章 生产线设备管理

第一节 破碎系统设备

一、概述

破碎系统是制砖生产线的源头，为砖坯生产提供合格的原料。生产范围包括：从原料运输至陈化库泥料卸料皮带机。该系统生产工艺流程为：原料（矸石、页岩、粉煤灰等）经汽车运到原料场→铲车上料进行粗碎（锤式或笼式粉碎机、球磨机、振动磨）→经提升机（或皮带机）进行筛分→筛上料经皮带进入粉碎机→筛下料进入配料皮带机→进入一搅→经皮带进入陈化库。

二、板式给料机

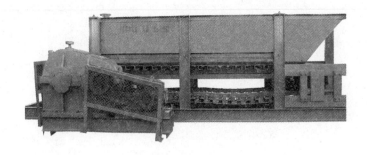

图 3-1 板式给料机

1. 基本构成

链板、链节、链轴、减速机、电机、主动链轮、从动链轮、三角带、电机皮带轮、减速机皮带轮、小齿轮、大齿轮、链轮、托轮等。

2. 常见故障及维修

（1）输料板变形

输料板变形主要是因为在下料口下料时，原料对输料板的冲击，造成输料板弯曲。在运行中输料板轻微变形后，输料板结合缝隙加大，塞进原料在通过驱动轮时造成二次伤害，卡住以后就容易使设备拉断链板。应每班检修一次输料板，根据变形情况，在更换新板时，用 50mm 的角铁附在输料板背面焊接，能使输料板横向受压更大，不容易变形。

（2）链板和链轮

链板分大小链板，在维修更换时一定要确认清楚大小。链板使用一定时间后，容易变形。当发现轻微变形时可以用大锤将其修正，但变形严重时必须进行更换。更换时，机尾有调节螺栓，松掉螺栓后，整条链板会全部松下来，然后进行更换。

链轮损坏量比较小，在更换链板时将链轮里的内套加注锂基脂即可。

三、锤式破碎机

图 3-2　锤式破碎机

1. 基本构成

锤头、筛板、顶板、圆筛板、三角带、电动机、电机皮带轮、大皮带轮、平皮带轮等。

2. 检修保养

（1）检查锤头磨损情况，根据原料的不同和现场使用的经验判断锤头是否翻面，或者更换。（2）检查筛板、反击板磨损情况，固定是否牢靠，位置是否正确。（3）根据使用时间，轴承室加注锂基脂（不能加注二硫化钼）。（4）检查上料口、下料口密封，整机密封。

3. 常见故障

（1）锤头破碎

锤头磨碎时，机器发出巨大声响，发生这种情况时，应及时停机。等待机器停稳后，维修人员将上级电源切断后，对机器进行检查、维修。发生这种情况一般都是因为锤头在破碎原料时，锤头破碎而引起。打开机器后，主要检查锤头的完好性，筛板和反击板的完好性，看筛板和反击板是否移位。修理好机器后，人工转动机器检查一遍，确保无误后开启机器试机。如果经常发生锤头破碎的情况，第一要检查锤头的质量。由于压缩成本，很多厂家在生产配件时偷工减料，锤头从表面上看没有差别，但是在使用时就能根据破碎原料量来判断锤头质量。第二要检查永磁铁是否因其他阻碍不能吸起原料中的铁件，永磁铁按照原料中的铁件含量及时清理。

（2）破碎机抖动

在生产时，破碎机抖动，严重时使轴承发热甚至损坏。可能原因：一是地脚螺栓松动，没有及时紧固；二是机器工作不在一个水平面上，安装时没有认真按照安装规范安装，整台机器是斜向工作，造成一侧轴承受力大，一侧轴承受力小。在安装时调整好机器的工作平面，新机器每天要对地脚螺栓进行紧固，连续一周后，再每两天紧固一次地脚螺栓。锤头的磨损大小不一致，也会造成机器工作室大轴不平衡，带动破碎机抖动。维修工在更换锤头时一定要全部更换。有的厂家为了节约成本，交叉更换锤头，造成锤头一边重，当高速运转时，带动着整台机器跟着大轴的动作而产生抖动。

（3）轴承温度升高

在生产过程中要每班都检查轴承温度是否超高，可以用红外测温仪远距离对轴承测温。高速运转时温度不超过 80℃。轴承发生高温，如果不及时发现、及时停机，很短的时间内轴承就会报废。轴承温度与锤式破碎机的整体工作有很大关系（除正常磨损外），机器工作时不平稳、安装不在一个水平面，都会造成轴承受力不均匀，导致轴承高温。当轴承损坏，一定要对整台设备进行仔细的检查，分析出原因后再进行维修，恢复正常使用。

四、笼式破碎机

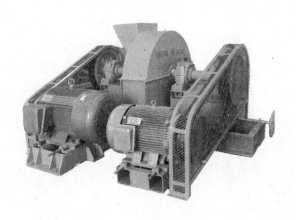

图 3-3　笼式破碎机

1. 基本构成

转笼、大轴、三角带、小笼毂、大笼毂、电动机、电机皮带轮、皮带轮、上耐磨板等。

2. 维修保养

（1）检查破碎机的地脚螺栓是否松动，机器上的螺钉是否有滑丝，箱体和笼壳的完好性。（2）轴承加注锂基脂。根据生产使用情况加注锂基脂，轴承室里锂基脂如果加注过多，会造成轴承发热。（3）修补转笼、箱体、笼壳。

3. 常见故障

（1）生产中抖动

笼子高速运转时，机器出现抖动，这时预示着轴承可能要坏。地脚螺栓随着抖动而全部松动，把螺栓紧好以后，用不了多久又因为抖动而松动，这时基本可以判定是轴承出了问题。早期使用笼式破碎机都是焊完笼子后要加上平衡块，每次焊补完都平衡一下，但后期使用时很少有人再去这样做，笼子高速运转时不平衡给轴承加大了压力，轴承的使用时间就减少了很多，这种情况更换轴承后能基本解决。

（2）轴承高温

很多因素可以造成轴承高温，如：笼子转动的不平衡，给轴承造成压力不均匀；轴承加油时超量或者不加也会造成轴承高温，加多时只会热量比平时高，但不至于高温，但是如果不加油就会造成轴承没有润滑而高温。发现高温后及时停机检查处理，找出高温的原因进行维修。

（3）笼箱体、笼壳磨损

这个看似不是故障的问题的确很影响生产，而且会加大工作环境的污染。笼子将料打到箱体或者笼壳上，将里面的耐磨衬板磨没后就开始磨外壳，然后将外壳磨透，开始漏料。这是笼式破碎机成本费用里的一大块，到现在没有发现什么好的办法能解决这个问题，只有用高耐磨的材料做内衬板。

五、电磁振动筛

图 3-4　电磁振动筛

1. 基本构成

设备主体、电磁振动器、筛网、电磁控制柜等。

2. 维修保养

振动筛主要以平筛为主，每天应检查筛网是否破损，振动机振动力是否能达到。使用六个月左右，要对振动机里的弹簧压杆进行调整，使振动力加大。检查筛网有破损的空洞时，可以用皮带胶将塑料皮粘结在空洞上，继续使用，减小成本。

六、滚筒筛

图 3-5　滚筒筛

1. 基本构成

设备主体、电动机、减速机、联轴器、主轴、筛网、箱体、主轴、轴承座、托架等。

2. 维护保养

滚筒筛结构简单，维修量低，使用中故障率低，得到很多用户的好评。缺点是不如振动筛的细料量大。生产后要将转动筛里的料放空后才能停机，生产中如果突然断电，再次启动时要检查筛内料量的多少，如果料量过多，必须人工将转筛里的料清理出来后方可开机；如果不清理可能会造成主轴扭断。更换筛网时，一定要将压片做好记录、标号，安装时压片要对应固定位置进行安装。

七、皮带输送机

图 3-6　皮带输送机

1. 基本构成

电滚筒（减速箱拉动滚筒）、皮带机架、皮带、机尾滚筒、张紧装置、托辊、防跑偏器等。

2. 常见故障

皮带输送机在使用过程中最常见的故障是跑偏。跑偏原因：皮带在行走过程中两侧受力不均匀。特别是在生产时有原料附着在电滚筒表面，而清扫器不能完全清理掉，就容易造成受力不均匀。在行走过程中，如果不能及时发现皮带跑偏，会造成很大的事故，跑偏严重时，导致撕皮带，或者磨皮带引起着火等，所以在生产过程中要定时巡查皮带运行状况。皮带跑偏时，可以通过电滚筒（机头）或者机尾的张紧螺栓来调节：皮带往哪个方向跑偏，就拉紧对立方向的调节螺栓，如果皮带张紧度已经很大，就松一段皮带跑偏方向的螺栓；如果皮带较长，在中间部位跑偏时，就要加防跑偏托辊，利用防跑偏托辊来纠正皮带跑偏的情况。

皮带输送机主要的动力来源是电滚筒，电动机在滚筒内部，滚筒内部有环形齿轮，电动机齿轮挂接在环形齿轮上来拉动滚筒转动。因为电动机在滚筒内部，要靠机械油来润滑齿轮（机械油油位位于滚筒的三分之一处）和给电动机降温，电动机总是浸泡在机械油里，时间久了，电动机密封随着磨损而老化，机械油浸入到电动机线圈里，造成电动机线圈打火，而烧坏电动机。

电滚筒有两种，一种是带逆止器的，另外一种是不带逆止器的。带逆止器的电滚筒主要用于爬坡皮带，只能朝着一个方向行走。不带逆止器的用于水平皮带。爬坡皮带在运行中，如果需停机，这时滚动力的逆止器就会起作用，皮带不会逆向行走，从而使皮带上的原料不会倒流到设备中。逆止器损坏时，皮带没有逆止器的反向作用，就会倒车，发现这种问题应及时更换电滚筒。

八、袋式除尘器

1. 基本构成

烟尘收集箱、电动机、风机叶轮、布袋、电磁阀、电磁放气阀、输送机等。

图 3-7　袋式除尘器

2. 工作原理及常见故障

袋式除尘器的工作原理：由风机抽风，将烟尘抽进烟尘搜集布袋里，然后电磁放气阀放气，将布袋里的烟尘振动到收集箱下端，最后由输送机运送出去。

最常见的故障：电磁阀，或者电磁放气阀的电磁线圈损坏，或者电磁阀阀体不动作。当发现除尘效果不好时，开启设备，看风机排风口是否有风排出，观察电磁阀或者电磁放气阀是否有动作，发现有不工作的电磁阀应及时更换。输送机主轴或叶片要经常检查，防止磨损严重使主轴磨断或者叶片磨小，避免灰尘将输送机卡住不能工作。

九、对辊式破碎机

图 3-8　对辊式破碎机

1. 基本构成

底座、轴承、齿轮箱、电动机、料箱、辊子、入（出）料口、安全护网等。

2. 日常保养维护

加注润滑油：对辊式破碎机的全部负荷都由轴承担负，所以良好的润滑必不可少，它直接影响着机器的使用寿命和运转率。因此对辊破碎机必须使用密封的、清洁的润滑油。对辊破碎机的主要注油处：（1）转动轴承；（2）轧辊轴承；（3）所有齿轮；（4）活动轴承、滑动平面。如使用过程中发现轴承油温升高，应立即停止工作，检查原因并加以消除。

注意料块平均分布：为了保证对辊式破碎机的最大产量和最长使用寿命，料块必须平均分布在辊子的全长上。如果沿辊子长度方向上的料块供应快慢不一致，辊子各点将磨损不均，造成环形沟槽，不仅磨损速度会越来越快，破碎粒度也会变得大小不一，影响正常的破碎工作。因此，给料机通常配套用于中细碎的对辊破碎机。给料机的长度与辊子长度一致，以保证给料沿辊子长度方向均匀一致。用于粗碎的对辊破碎机由于粒度要求不高，没有必要配置给料机。

保持出料口通畅：定期检查出料口的通畅与否。检查时应先停止给料，当料块完全落下，辊子变为空转时，才可切断电源，避免料块卡在辊子中对辊面造成磨损，同时避免安全事故。

经常维修辊面：对辊破碎机的辊面影响着粒度一致与否，因此需要经常维修辊面。有的光面对辊式破碎机在机架上装有砂轮，辊面出现磨损时，可以在机器上对辊面直接进行磨削修复而不需要拆掉辊面。而另一些光面对辊式破碎机附有辊子自动轴向往复移动装置，用以保证辊面磨损均匀。辊面磨损会造成排料口宽度加大，这时就需要调节活动辊。调节时务必保持两个辊子相互平行。而齿面对辊式破碎机的齿板或齿环通常是可以调头使用或更换的。当齿牙磨损并不严重时，可以调头使用。但当磨损至一定程度后，必须进行更换或完全修复，否则会造成功耗增加、生产量和生产率下降等情况。

随时观察辊子轴承间隙：采用滑动轴承的对辊式破碎机，辊子轴承的间隙是需要注意的地方。辊子轴瓦与轴颈的顶间隙通常是轴颈直径的

1/10000～1.5/10000，轴瓦的侧间隙是顶间隙的1/2～1/3。在工作中转动齿轮若发出冲击声应立即停车检查并加以消除。另外在平时工作中注意定期检查易磨损件的磨损程度，一旦发现磨损应随时维修或更换被磨损的零件。

第二节　成型及运转设备

一、概述

成型系统是指从陈化库上料，经箱式给料机、二搅、上搅、挤砖机、切条切坯到码坯的整个生产工艺过程。该系统生产工艺不复杂，其主要设备是真空挤砖机，是砖厂最主要的机械设备。该系统生产工艺流程为：陈化库（达到陈化要求的原料）→液压多斗挖料机→皮带→箱式给料机→皮带机→二搅（带挤出单轴强力搅拌机）→皮带机（上方设备：永磁除铁器或电磁除铁器）→上搅挤出机→真空挤砖机→自动切条切坯机（推板式或旋转式）→码坯（自动机械码坯或人工码坯）。

二、多斗机

图 3-9　多斗机

1. 基本构成

行走减速机、旋转减速机、油泵电动机、叶片泵、液压油缸、液压油缸密封圈、液位计、油管、梅花垫、双向电磁阀、溢流阀、叠加阀、O型圈组合垫、压力表、表开关等。

2. 常见故障

（1）断销子、压多斗机

现在使用的多斗机基本分为两种：一种是链条式拉动挖斗，一种是链板式拉动挖斗。链条式使用比较早，因链条的磨损比较快、维修费用高、故障率高，基本更换为链板式。多斗机损坏基本都是因为卡住链条或链板，或挖斗使减速箱与齿轮大轴连接的销子打断，卡住的原因有以下几点：①链条调节拉紧度不一致，使整条链条或链板向一侧跑偏；②链条或链板张紧不够，使挖斗在最前端卡住主架；③主架上的耐磨板长期检修不到位，耐磨板变形卡住挖斗。

（2）大臂不动作

大臂的升降，主要由多斗机液压泵站控制。当大臂不升降时，第一，检查单向阀的电磁线圈是否供电正常；如果正常，然后检查液压部分，用螺丝刀顶住线圈的一端，手动方式给液压管道供压；如果手动供压没有反应，原因基本可以断定单向阀堵塞。拆单向阀前，先用安全阀将液压油全部放出，待单向阀里压力全部释放后再拆开单向阀进行清洗，清洗完后，用风管吹单向阀里各个通道，并清理干净。拆装前，一定要将单向阀上的各个管道做好标记，如果装反，将对单向阀体造成损坏。

（3）液压多斗机掉道

掉道是多斗机常见故障。多斗机掉道不单造成机械损伤，严重时可能会造成人身伤亡事故。在使用中，人为因素使多斗机掉道比设备自身问题掉道概率高得多。操作工操作时不能按照操作规程操作设备，机器行走中，因种种原因不站在操作台前，使大臂碰到料堆时不停机，将设备挤掉道。多斗机轨道轮变形的情况下也会出现掉道，应定期观察轨道轮的情况。

三、单轴（双轴）搅拌机

1. 基本构成

单轴搅拌、挤出机：搅刀、紧毂、气囊、磨擦片、先导阀、导气龙头、三角带、螺旋搅刀、碎泥刀、电机、电机皮带轮等。

双轴搅拌机：搅刀、紧毂、气囊、磨擦片、先导阀、导气龙头、三角

图 3-10　单轴搅拌、挤出机外观

图 3-11　双轴搅拌机外观

带、电机、电机皮带轮、减速机皮带轮等。

2. 常见故障和维护保养

（1）搅刀

搅拌机日常检修最主要的是检查搅刀。一般检查方法是：用锤头敲击搅刀，听声音，敲击的时候，松的声音和紧固的声音是不一样的，紧固的声音比较实，发现松动的搅刀要及时拧紧螺栓。更换搅刀时一定要安装到位，试机时不能让搅刀碰到箱体，试机前要将贴在箱体上的泥料清理干净。料箱的搅刀里最重要的是第一个搅刀，俗称"拨泥刀"，如果拨泥刀磨损或因为泥料的挤压断掉，会使后面几个搅刀连续挤断，检修时必须每班检查第一节搅刀，如果发现磨损严重，或断裂，及时更换新搅刀。

（2）气动离合

搅拌机动作主要是靠电机拉动减速箱，减速箱带动大轴，主要连接动作依靠离合器。原理和汽车的离合器相似。通过电磁阀依靠气动使离合器里的气囊鼓起，顶住离合片，使离合片摩擦面紧贴在一起，电动机带动离合器外圈，减速箱连接离合器内圈，离合器在使用中，承载力过大时，离合片会出现打滑现象，使离合片磨损、冒烟，电动机三角带尖叫。定期检查离合片，发现磨损严重的及时更换掉。电磁阀是控制给离合器气囊供气的，电磁阀使用中，由于空压机过来的气体中含有水分或者粉尘，使电磁阀不动作。电磁阀出现问题，一般有三个原因：一、风压；二、电磁线圈烧坏；三、电磁阀内芯因粉尘卡住不动作。

（3）搅笼

当二搅的搅笼磨损时，料箱的料会在里面翻动，导致下料口不下料。搅笼磨损严重时，搅笼和搅笼上盖间歇会加大，推动料时因为间歇大，料会从间隙里返回搅笼最前端，使搅笼只转动，而推不动泥料往后走。这时要更换搅笼：先打开上盖，将搅笼里的泥料清理干净，拆下搅笼固定螺栓，将搅笼吊出，检查固定碎泥刀的叶轮毂的磨损情况，如果磨损轻微，在安装新搅笼前将叶轮毂焊补耐磨，特别是固定叶轮毂的大螺栓，焊补厚一点的耐磨。将新搅笼装机后，试运转，检查是否磨蹭下盖，无误后将上盖安装好，试机。

四、上搅挤出机

图 3-12　上搅挤出机

1. 基本构成

电动机、减速箱、箱体、上搅大轴、搅拌刀、搅笼、叶轮毂、碎泥刀等。

2. 常见故障和维护保养

上搅挤出机跑真空和管道堵塞的处理：

上搅挤出机的位置在真空挤砖机上方，和真空挤砖机是一个整体。上搅的检修搅刀离合器和二搅基本上一样，唯独搅笼和二搅的不同。二搅的搅笼不需要密封，而上搅的搅笼需要全密封。原因是上搅下料口和挤砖机连接在一起，而上搅搅笼比二搅搅笼长度要长，而且多了一节搅笼。

上搅搅笼漏真空的解决办法：当挤砖机内的真空低于 0.08MPa 的时候成型的砖就会像没有筋骨一样，抓起来就散。当然，砖坯成型不好不单单是因为真空，但上搅搅笼是真空挤砖机里漏真空的一个特别容易出现的位置。当上搅搅笼漏真空后，严重时，能听到嘶嘶的声音，轻微的时候听不到声音，可以用火把在搅笼前边试一下，如果漏真空，火苗会被抽向下料口一端。

为什么会漏真空？会在哪里漏真空？当生产一段时间后，上搅搅笼因为和泥料的磨损而使得搅笼扇叶变小，这时和搅笼上盖和下盖的间隙就会增大，间隙大了以后随着泥料往下料口行走就会有空隙，空气就会顺着空隙进入挤砖机真空仓内。另外，在维修以后，搅笼上盖在合的时候没有密封，顺着上下盖的缝隙往挤砖机里抽气。当碰到这种情况时，一般有两种方法解决。第一种，在搅笼上盖磨损不严重的情况下，将上搅搅笼三四节上的扇叶割掉，相当于是做了两个瓦片将上搅大轴包住，依靠一二节的推动力来推动泥料，三四节处的泥料，因为前面是一二节推动，后面是叶轮毂、碎泥刀挡住，使得三四节位置的泥料将空间塞得满满的，这样就不会让空气进入真空仓里。当搅笼上下盖磨损严重时，用切割三四节扇片的方法就不会再起作用了，这时必须对上下盖进行焊补。因为上下盖是铸铁件，在焊补时不能一直烧焊，要焊补一段时间后，冷却一下，然后再进行焊补。当上下盖温度很高时，容易造成变形，修补时可用钢筋贴服在上下盖内面进行焊补，最后用耐磨焊条焊补一遍。焊补时一定要掌握好高度，如果高度太高在安装搅笼的时候，搅笼会和外壳发生摩擦，甚至上盖安装时不能到位。更换搅笼后，在上盖安装时，一定要将上盖放平，然后往下放，放之前要将上下盖的接合面清理干净，然后打上密封胶，特别是靠近下料口一端要多打密封胶，这些工作做完了再将设备安装好，然后试机。刚更换的搅笼下料速度会因为摩擦大而导致下料慢，经过十个小时左右的磨合，下料速度基本会达到正常速度。碎泥刀也要经常检查，随时更换坏掉的碎泥刀片。

五、真空挤砖机

图 3-13 真空挤砖机

1. 基本构成

真空挤砖机主要构件有：主机、电动机、减速箱、离合器、砖机大轴、砖机副轴、压泥板、搅笼、机脖子、机口等。

挤出压力大，真空度高，挤出的双泥条密实，外观整洁，湿坯强度达到 $3.5 \sim 4 kg/cm^2$。完全适合一次码烧工艺的要求，生产率高，成型含水率低，降低了在生产中的能耗和损失，是生产全煤矸石、高掺量粉煤灰、页岩以及劣质沙土砖的理想设备。主要易损件采用耐磨材料制作并经严格淬火处理，硬度高，耐磨性能好，不需要经常更换易损件，生产效果高，大大降低了维修成本，节约维修时间。

2. 常见故障和维护保养

（1）砖机离合的更换

挤砖机的工作方式基本和二搅、上搅一样，也是靠电动机带动减速箱，通过离合器带动砖机主轴转动，主轴上镶嵌搅笼，搅笼转动将料推出机口。砖机离合器和二搅不一样的是受力程度不同，要比二搅损坏的频率高。操作不正常，电流过高时，离合片受力会更大，这时更容易造成打滑，烧离合片，所以砖机的离合片根据生产状态必须定期更换。这时会有人说，什么时候坏什么时候换，那样也可以。但是就怕在冬季生产，砖坯少的情况下，因为离合器损坏可能会影响一个班的生产，特别老厂子，设备损坏都是周期性的，有可能会赶到一起，几台设备连续出问题。所以，离合片最好是按照一定的时间更换。更换砖机离合片时，有个部位点比较难拆，比如，轴承内套。特别是新机器，在拆的时候特别难拆。这里说两个办法：一个是用液压拉马直接将内套硬拉出来；另一个办法是在拆之前，将轴承外套螺栓松开，然后用顶丝直接将内套顶出，再将撑起大轴的三角臂拆掉。

（2）真空挤砖机轴承的检修要点

砖机最前端的大轴承室的油位必须每天检查，保证轴承室里的油位保持在正常位置。生产过程中，要注意轴承室的温度，不能温度过高，当过高时有可能是因为轴承出现问题。轴承室与大轴连接的地方要密封严密，不能有漏真空的情况。一般砖机在使用一年左右砖机真空仓内的骨架油封会因为磨损而密封不严，当轴承室外端的密封不严密时，砖机抽真空会将轴承室里的机油抽进砖机里，造成轴承缺油而使轴承磨损至不能使用。

（3）搅笼的更换方法

根据原料不同，搅笼磨损的周期也不同。根据生产情况和生产需求，对砖机搅笼进行更换，在更换时要提前更换六七节，等六七节使用过一段时间后，磨合的差不多的时候再将1～5节进行更换。更换搅笼时，由于泥料塞进搅笼和大轴中间，致使往外抽搅笼时特别费劲，这时可以在搅笼上焊接一个拉环，另一端用手拉葫芦牵制，用大锤敲击搅笼。在1、2节搅笼磨损是最小的，有时候因为看到1、2节搅笼磨损小，就图省事不予换掉，将3～7节更换了新搅笼，但是更换后，使用周期发现短了很多，其实就是因为1、2节没有更换，最前端的推力小，而造成整套搅笼的推动力不持久。

平衬板和斜衬板的更换：当新搅笼更换好后，要检查搅笼和衬板的间隙，间隙不能过大，尽量将空隙控制在 15mm 以下。如果间隙过大，也会影响使用效果。使用周期会缩短，原因是当搅笼没有磨损的时候间隙就已经很大，搅笼磨损了以后间隙会更大，这时候推动的压力就会减小，而且会造成反料。当反料的时候从砖机上面的观察孔能很清晰地看到反料的情况。

（4）机口、机脖子、润滑盘的维修方法

机口的调整：机口调整主要是机口四角出料不均匀，或者装上芯架后出现中间出料快，或者四周出料快，而造成裂角、拉芯等问题的出现。当轻微出现裂角时，可以通过润滑解决这个问题。但当差距很大时，润滑要给水量特别大，使得机口附近卫生很脏，更重要的是，当水压不稳定的时候出泥条会不正常，从而导致生产不正常，调整机脖子四角的快慢一般的办法就是对机脖子进行打磨。当哪个角出现裂角时，针对哪个角进行打磨，打磨面积不要太大，主要针对裂角的一个角进行打磨，机脖子使用一段时间后，整个空腔内磨损大了，就会造成机口四面快，而芯架中心出料慢，这时候就出现拉芯的问题。拉芯的主要原因：整体泥料挤出机口时四面出泥料的速度高于芯架内的出料速度。这时候一般要针对机脖子进行焊补，焊补时一定要焊接平滑，焊接后要用手砂轮对机脖子进行打磨。当机脖子和润滑盘接合面磨损严重时要及时修补。

润滑盘是在机口出砖中比较重要的一个部位，润滑盘的正常使用会使机口出泥条平顺，防止裂角、拉面。但是当润滑盘里的水道得不到间隔的时候，水会在润滑盘和机脖子集合面里乱串，有可能打一个角的是三个角出水，这时候就很难控制机口的平顺性，特别是纯煤矸石砖的出砖，所以润滑盘的安装和密封性是比较重要的。这里讲一个小窍门，用汽车喷漆的泥子作为密封胶使用，将润滑盘清理干净，把泥子和好以后均匀地抹在润滑盘隔水处，然后安装到机脖子上，安装上机脖子，等泥子干燥后，打开润滑泵，加压，打水，每个出水口出水正常后，合好机口，生产班观察使用情况。

（5）机口润滑泵的常见故障和检修

机口润滑泵，主要作用是给机口润滑盘供应具有压力的水。当泥条出现裂角时，润滑盘打水尤其重要。润滑泵的正常工作直接关系到机口出泥条的质量和速度。润滑泵的工作原理基本和抽水井的工作原理差不多。先通过抽水，将水抽到上泵体里，然后关闭抽水闸板，再将水打进润滑盘，当抽水或送出水哪个环节出问题时，都是故障。不出水时，首先检查泵体上的阀体有没有卡住，然后检查抽水管有没有堵塞的情况，都正常时，就要检查调节阀体是不是堵塞，基本检查点就这几方面。

六、空气压缩机

图 3-14　普通型空气压缩机

1. 基本构成

风包、电动机、螺旋空气压缩机、风扇、风管、单向阀、散热片、控制面板等。

2. 工作原理和常见故障

（1）工作原理

普通的空气压缩机跟汽车的气缸工作原理基本一致。拿三缸的空气压缩机做比方，三个缸体交替工作时，每个活塞都完成了"抽气－排气"，三个缸交替工作，依次循环，在活塞与缸体摩擦时会产生热量，缸体、缸盖的温度比较高。由于气门在缸盖里，机油高温时，加上抽气里含有灰尘，会造成大量油泥，这时容易造成气门撑住，造成间隙出现。出现间隙后，活塞在抽气时就得不到密封，从而不能完成抽气、排气的整个工作步骤。因此，要经常对气门片进行清理。

润滑油的加注一定要加注到观察孔的三分之二处。这种空气压缩机的活塞润滑，是靠连杆上的一个铁杆进行甩油的，如果油位较低，甩油量达不到，活塞不能充分得到润滑，会减少使用周期。

（2）单螺旋杆空气压缩机

现在新设计的砖厂基本都改为了单螺旋杆空气压缩机，结构复杂，但是耐用。单螺旋杆空气压缩机对润滑油的要求较高，润滑油一般使用生产厂家的专用油。单螺旋杆空气压缩机在冬季起机比较困难，因为润滑油在冬季气温低的情况下黏稠度增大。机器在刚开始工作时，润滑油不能完全到达螺旋杆的每个部位，所以会出现警示，然后自动停机。当碰到这种情况时，可以依靠人工多次开启、关停机器，让机器运转几次后，再开机就比较顺利。单螺旋杆空压缩机还比较容易出问题的地方是单向阀，当单向阀不动作，气缸里有气的时候，会顶住不工作，启动后，机器一运转就停止了。

七、摆渡车

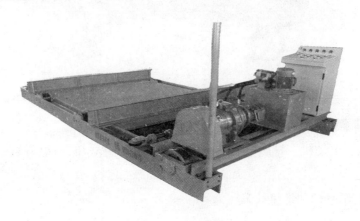

图 3-15　摆渡车

1. 基本构成

摆渡车主体车架，液压油泵，行走主轴，齿轮，电控柜等。

2. 常见故障和维修

（1）摆渡车阻力加大

摆渡车是故障率较低的一台设备。主要作用是将窑车运送到另外一条行车线上。由于承载的窑车重量比较大，摆渡车在使用一定时间后，摆渡车上的轨道会被压得低于行车线上的轨道，牵引机在牵引时阻力加大。碰到这种情况时，要对摆渡车的高低进行调整，先是将压变形的轮子换掉，然后观察轨道高度，如果还是没有达到正常高度，可在压轮轴的上链板下方垫垫圈来使整个车身增高。

（2）摆渡车突然停机

摆渡车电路故障比较多。使用两年以上的摆渡车，大部分都是因为电路故障导致突然停机。电路控制主要是行走、定位器伸缩，这两套控制的电路都是独立的，容易出现故障的就是供电线圈没有电源，就是所谓的控制线路出故障，接触器由于经常触点老化，造成电机供电出现两相电也不能排除。

八、牵引机

图 3-16　牵引机

1. 基本构成

电动机，减速箱，钢丝绳，牵引小车，控制线路等。

2. 常见故障和维修

（1）断绳、断螺栓、减速箱机壳拉坏

空车牵引机和重车牵引机，这两台设备在外观上看似一样，但是承重力是不一样的。

重点说说重车牵引机，容易出现的问题有：断绳、断螺栓、减速箱机壳拉坏、把地基预埋螺栓拉出。这些问题在生产过程中，操作人员责任心强一点能避免。如，用重车牵引机牵引重车时，车数过多，小车在行走到头的时候限位器坏了，操作人员发现不了，小车卡住后，电机还是工作，这时候就容易拉坏减速箱的外壳。预防这样的情况出现，要注意两点：一是让操作人员在拉重车时，只牵引一辆车，不允许一次牵引两辆或两辆以上的重车；二是小车的限位器可以做两个，当一边的限位器坏了，另一边的还可以起作用。限位器需定期检查，发现限位器接近于坏的时候，或者角度不对时，及时更换或调整。

（2）牵引机电路故障

牵引机影响生产的故障很多时候是因为电路问题。

在查找故障点时很多维修工容易一头雾水，这和维修工上岗前没有认真查看电路图纸有很大关系，其实这套线路是比较简单的。

小车上的限位器最容易让人感觉到迷惑，一般容易出现问题的几个故障点有：

一是限位器有时因机械故障或者电路虚接，造成交流接触器不动作；二是交流接触器给线圈供电线路时间久了，会因灰尘或者振动形成虚接，造成接触器线圈不供电，接触器不工作；三是接触器由于频繁启动，接触器触点会接触不良，经常会出现两相电而使得牵引机不动作。

当牵引机不动作时，首先用万用表查接触器上下端的电源是否是 380V，正常后，然后按启动按钮，用万用表量线圈线路的电压是否正常（220V 或 380V），这时如果不供电，检查的项目就比较多了。因为前面提到的小车的限位器主要是和交流接触器线圈供电线路串联起来的，所以这时先检查控制电源有没有电。如正常，这时候可以检查小车限位器的线路是否正常，限位器是否正常位置。以上都正常了，启动若还有问题，220V 交流接触器还会出现没有回路而不启动。就是我们所谓的零线，当零线不通时，用万用表量的时候不显示电压，但是用试电笔量的时候却很正常，这时候就说明回路是断开的。

九、离心式风机

图 3-17　离心式风机

1. 基本构成

电动机、电动机托架、轴承座、轴承、风机叶片、箱体等。

2. 常见故障和维修

离心风机是建材厂用得较多的生产设备，由于风机工作环境较为恶劣，且运行中的转速较高，所以，运行中的轴承温度高、轴承座振动大、地脚螺栓断裂及基础磨损等问题比较突出。因此，如何正确地维护和使用离心风机，对于提高系统设备运转率，保证正常安全生产有很重要的意义。

（1）轴承发热问题

在离心风机的使用中，轴承温度较高是常见故障，引起轴承温度高的原因有以下几点：一是润滑不良，油（脂）变质或缺油（脂）；二是轴承的装配质量不良，预紧力过大，造成工作游隙小等；三是轴承本身质量不良，如原始游隙不合要求或滚子、套圈有缺陷等；四是风机振动大轴承承受冲击负荷等；五是轴承冷却不好，通风或通水量不足等。对于轴承的选用，使用单位一般会按照设备厂家的原型号换用，而不大注意选型是否合适，从以上的事例看，是轴承选用不当造成的。由于离心风机的轴与轴承的配合一般选用H7/js6（或者H7/k6），而轴承与轴承座孔的配合一般选用JS7/h6，这样的配合不会太紧，对轴承游隙的影响有限。对于转速较高，工作温度较高的离心风机，由于轴承座与上盖的连接螺栓的拧紧一般情况下并不用扭动扳手，为了防松，拧紧力常常过大，从而使工作游隙变小，进而造成轴承发热而引起温度高；或者由于轴承工作游隙小，导致自由端轴承不能随轴热胀而自动移动，使两轴承承受的轴向负荷过大，引起轴承发热损坏。因此，生产中更换轴承时，尤其是转速较高及工作温度较高的离心风机的轴承，要注意轴承的选用，一要注意其极限转速是否合适，二是要选用原始游隙较大的C3组轴承。

（2）进风喇叭口与叶轮入口的径向及轴向间隙

离心风机的进风喇叭口与叶轮入口的径向及轴向间隙有严格要求，配合间隙太小，运行中会碰擦产生振动，配合间隙大，则影响风机的效率。在更换风叶时，因叶轮尺寸与原厂家的不同，其轴向尺寸比原来的大50mm，入口处直径也较原来的大，但更换时不注意，只是把进风喇叭口修短了约50mm，直径方向未处理，实际上变成直筒，从而造成换叶轮后风力变小，运行时，风门全开时电机电流为14A。随后，用薄钢板在喇叭口处加长轴向尺寸，并翻边形成喇叭形，保证配合间隙，处理后，电机电流升为18A，收尘效果变好。

（3）混凝土基础松动或损坏的处理

由于轴承座振动大，会造成地脚螺栓的松动及断裂，进而会造成基础的松动及损坏。所以，在处理振动故障的同时，还要处理好混凝土基础。在一般的设计中，离心风机的轴承座安装在数组垫铁之上，垫铁安装在一次浇注层上，一次浇注层与轴承座之间的空隙用二次浇注层填实。从表面上看，垫铁及二次浇注层都承受轴承座的力，但实际上，轴承座上的力大部分作用在垫铁上，受力面积较小，对此我们进行了改进，如将一台ϕ3m×48m回转窑的窑尾1号风机，型号为Y4-73-11№14D，其风机地脚螺栓频繁断裂，基础也出现松动，为此重新处理基础，并制作了一个钢板支座，风机轴承座安放于钢支承座上，而垫铁安装在钢支承座下，这样，地脚螺栓连接于钢支承座上，在振动大的情况下，先是钢支承座与轴承座的连接螺栓松动，这样就可避免地脚螺栓的松动或断裂，同时也可避免基础受磨损或损坏。后来，我们在处理 $\phi 3.2m \times 5.8m$ 生料磨磨尾风机的地脚螺栓断裂及基础磨损的问题时，在未破坏一次浇注层的情况下，在轴承座下增加了两块 250mm×1250mm×50mm 钢板，钢板仍然安装在垫铁上，然后用二次浇注填实轴承座与一次浇注层之间的空隙，较好地解决了振动的问题。这两种办法，都是采用增大轴承座与下部基础的接触面积，减小基础单位面积上的受力强度，从而减小振动对基础的磨损及损坏程度，当然，第二种办法更简单、更便于操作。

（4）轴承座局部断裂的处理

当风机振动大或运行中风叶磨损掉落时，会造成轴承座的断裂。断裂的位置一般在振动大的风叶端，对于断裂严重的轴承座，只得更换，但对于只是其中一个地脚螺栓处断裂，轴承座油腔未受影响时，可采用加固的办法处理。对于较小风机的轴承座断裂，则用厚 25mm 的钢板制作压板，利用轴承座前后两端的螺栓压紧，压板与轴承座之间的空隙用垫板垫实，然后把压板与垫板焊接成一体。

（5）风机的振动问题

风机的振动问题是风机使用中常见的故障，也是比较复杂的难以处理的问题。常见的造成风机振动的原因有以下几点：一是基础不牢固引起的；二是联轴器不对中引起的。三是部件松动引起的，如地脚螺栓松动或叶轮轮毂与后盘的结合处松动等；四是轴承故障引起的；五是叶轮不平衡引起的，如风叶的不均匀磨损、叶片积灰和夹层焊缝开裂进灰等。对于一般的离心风机，其振动大小用振动速度的有效值 Vrms 来判断，据通风机振动检测及其限值（JB/T 8689），对于通风机的振动烈度允用值，对于刚性支承，Vrms≤4.6mm/s，对于挠性支承，Vrms≤7.1mm/s。然而，这个值比较小，现场实际情况中，都要比此值大，所以，在一些大型风机的说明书中，对振动的允许值作了调整。不同振动原因都有自己的振动特征。不平衡时，1 倍频率为主，径向（水平和垂直）振动大，振幅随转速升高而增大。不对中时，表现在轴向振动较大，与联轴器靠近的轴承振动大，不对中故障的特征频率为2倍频，同时常伴有基频和3倍频。对于松动，一般其垂直方向上的振动要高于水平方向上的振动。对于风叶的不平衡引起的振动，如果是叶轮积灰，则必须及时清理，如果是风叶本身质量分布不均匀，则要用划线法、三点法找平衡，或者用平衡仪等方法找平衡。

十、脱硫除尘设备

图 3-18　脱硫除尘设备

1. 设备介绍

脱硫除尘塔设备所带来的经济效益以及整体社会综合效益都非常巨大。脱硫除尘塔设备与目前世界上最成熟、应用范围最广泛的石灰石—石灰湿式脱硫—静电除尘工艺流程相比，一次性投资和运行费用均可以降低75%左右，可以达到粉尘、二氧化硫、污水近乎零排放的世界最先进水平。

2. 日常保养维护

脱硫除尘塔的保养和维护过程很重要，运行和维护应注意如下问题：

①根据除尘系统的吸尘量确定脱硫除尘设备的收尘量，确定排灰周期。

②根据高压水源的压力变化情况来确定排水周期。

③经常检查脱硫除尘设备清灰和喷扫用高压水源系统是否正常喷吹，如有异常，立即检查闸阀、水泵有无失灵或损坏，并及时维修更换。

④根据设备运行阻力的变化波动，定期检查设备的运行是否正常。

⑤根据易损件清单定期检查易损件的使用情况并及时更换。

⑥定期对设备上需润滑的部位补充润滑油。轴承润滑点每周两次补充润滑脂。

⑦定期检查差压变送器是否有堵灰、封浆现象，及时进行清理。

⑧运行前应在水池中加满清水，并向除尘器供水至溢流口有水溢出，检查是否符合要求，供水系统是否畅通，排灰口水封要严密不漏。

⑨运行前，应先开引风机，再向供水系统供水。停炉时，应在关闭引风机前停止向系统供水。

⑩运行中，系统绝对不能断水，否则能引起花岗岩与内壁脱落。定期检查溢流槽是否畅通，同时要经常观测烟温情况及烟气阻力情况。

⑪定期清理沉淀池中的积灰，尽量保持循环水的清洁。

⑫如除尘器长时间停止运行或运行时上部水槽出现泛水现象，则应向水槽提供清洁水源（如自来水）冲刷一小时左右，以便清除水槽内的积灰。

十一、智能码坯机（机械手）

图 3-19　智能码坯机（机械手）

1. 机器结构和工作原理

码坯机由支架、提升机构、行走机构、旋转机构、夹头组件、气路、电气控制等主要零部件组成。

夹头组件在夹坯气缸及分缝气缸的作用下抓坯、分缝、放坯，提升机构带动夹头提升和下降，行走机构带动同步带拉动行走车行走，实现抓码砖坯。

首先切坯机将切好的砖坯推到编组皮带上，编组皮带与切坯机协同工作实现横向分缝，码坯机夹头下降抓起砖坯，上升过程中夹头分开实现纵向分缝，行走驱动系统带动夹头和行走车运动到窑车正上方，夹头下降放坯，如此码坯机码放一层，下一循环放坯前夹头旋转90°码放一层，砖坯方阵形成十字交叉，夹头再回到初始位等待下次码坯，经过上述动作循环，即可完成窑车的全部码坯过程。

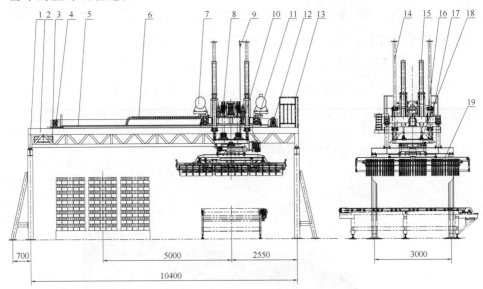

图 3-20　智能码坯机的结构

1. 支架；2. 行走支架；3. 分线箱架；4. 驱动系统；5. 轻轨；6. 拖链装置；7. 储气罐组件；
8. 行走车；9. 提升控制；10. 提升动滑轮；11. 行走限位；12. 行走编码器组件；13. 护栏；
14. 导柱装置；15. 缓冲装置；16. 链条调节装置17. 起重链条；18. 气缸支座；19. 夹头

2. 日常保养维护

码坯机应定期进行维修与保养，以便安全生产、增加设备的使用寿命、提高生产效率。维护应按以下方面进行：

（1）起重链条、链条锁头、夹板、滑动轴承等应根据使用情况及时检查，发现磨损严重时要及时修复或更换。

（2）检查螺栓、螺钉拧紧情况，以保证连接可靠。

（3）轴承每使用三个月要做一次彻底保养。应先用煤油清洗掉轴承上的油污，再用汽油冲洗干净，然后添加二硫化钼极压锂基润滑脂。

（4）减速机电机每半年应检修一次，其中包括更换轴承润滑油，检查电机绝缘、制动可靠等。

（5）设备长期存放时，应注意下列事项：

①各零部件连接牢固。

②运动部位涂以防锈油，外露加工面进行油封或者漆封。

③存放处应能防潮、防雨、防尘。

④存放期内，应定期检查。

（6）根据生产工艺和设备的使用情况制定合理的检修计划。

3. 常见故障及处置

表 3-1　常见故障及处理

序号	故障	可能原因	处理方法
1	夹坯气缸无动作	1. 气缸损坏；2. 气管漏气；3. 电磁阀损坏；4. 电路断路	1. 更换气缸；2. 更换气管；3. 更换电磁阀；4. 检修电路
2	掉砖坯	1. 气缸无动作；2. 气压过低；3. 砖坯硬度低	1. 检查气缸；2. 调节减压阀使压力达到正常值；3. 调节砖坯硬度
3	纵向分缝不同步或气缸无动作	1. 节流阀大小调节不一致；2. 分缝气缸损坏；3. 电磁阀有故障；4. 电路故障	1. 调节气缸节流阀使其流量大小一致；2. 检修气缸；3. 更换电磁阀；4. 检查电路
4	旋转无动作或旋转不准确	1. 电机损坏；2. 电机电路缺相；3. 接近开关故障	1. 检修或更换电机；2. 检查电路；3. 检修或更换接近开关
5	夹头在不工作时下滑	1. 提升电机抱闸太松；2. 缓冲气缸气压过低	1. 调节电机抱闸使夹头不下滑；2. 调节减压阀使压力达到正常值

序号	故障	可能原因	处理方法
6	行走车发出异响或无法行走	1. 行走轮轴承损坏；2. 行走轮轴承缺少润滑油；3. 行走轨道有异物；4. 行走电机损坏	1. 检修行走轮；2. 轴承加润滑油；3. 清理行走轨道异物；4. 检修或更换行走电机

第四章 焙烧工艺管理

煤矸石（页岩等）烧结砖焙烧工艺技术是指焙烧工序的工艺操作技术。焙烧工序包括砖坯干燥和砖坯焙烧两部分。

生产过程中，砖坯的干燥和焙烧是最后的一道工序。如果焙烧后的制品出现严重的欠烧、过火和裂纹等质量问题，则会直接影响产品的合格率。没有较高的合格率，就没有高产量，也就没有较好的企业效益。

第一节 成型工艺

一、生产原料导致砖坯成型裂纹产生的原因及解决方法

1. 原料的塑性太差

原因：原料的塑性差，粒径大，成型时困难，成型时裂纹严重。

措施：砂性黏土可掺加增塑剂，如高塑性黏土和煤泥等原料。煤矸石、黏土、页岩、粉煤灰等无论怎么掺配，其塑性指数不能小于7。（1）黏土的塑性分为三类：高塑性黏土，其塑性指数大于15；中塑性黏土，其塑性指数为7～15；低塑性黏土，其塑性指数小于7。（2）煤矸石的塑性指数一般为7左右，最高能达到18～20。（3）粉煤灰：粉煤灰是从煤粉炉烟气中收集的灰分，它是火力发电厂排出的废料，粉煤灰基本没有塑性，所以一般与黏土、煤矸石、页岩等粘结剂掺合作为制砖原料。（4）页岩：是一种良好的粉煤灰和煤矸石的粘结剂，其塑性指数一般为7～15。

2. 原料的颗粒级配不合理

原因：原料的粒径大于2mm的原料高于40%，粒径小于2mm的原料低于40%。

措施：调整粒径组成，确保颗粒级配合理。

3. 陈化效果不好

原因：原料的粒径大、环境温度低、陈化时间短，造成砖坯成型时产生

裂纹。

措施：陈化的目的是使水分充分渗透、泥料疏解、松散均化。泥料的粒径越小，陈化的效果就越好；陈化时间必须保证在 72 小时以上；陈化库的环境温度也应尽量保持在 10℃以上，如果温度太低，水的黏度增大，其表面的张力也增大，这就降低了水的流动性和浸润性，从而降低了陈化效果，特别是陈化库的温度在 0℃以下时，陈化原料结冰，水的浸润和均化就停止，也就失去了陈化的作用，给成型带来困难。

二、生产设备导致砖坯成型裂纹产生的原因及解决方法

1. 真空系统密封不好

原因：动密封和静密封存在漏气现象，真空度低。

措施：（1）对泥缸螺栓连接处进行密封，真空箱盖与真空箱壁面结合处进行密封。（2）加强设备的维护管理，提高砖坯的真空度，使其真空度在－0.085MPa以上；真空度越高，砖坯的密实度越好，机械强度越高，抵抗裂纹的能力也就越强。

2. 设备本身的缺陷

原因：由于设备本身存在缺陷造成产品裂纹，比如搅笼搅拌不均匀、搅刀强度低（一用就断）、机口不平整、四角挤出速度不一致等。同样的泥料搅拌 2 分钟，挤出砖坯的干燥裂纹为 4％，而搅拌到 3 分钟以上，同样的干燥条件下，干燥裂纹只有 1％。

措施：合理地选择设备和设备厂家，购置合格的设备。

三、砖坯码放的方法和各自的特点

1. 单码

优点：通风量好、燃烧速度快、减少黑心，提高成品合格率。

缺点：底层砖易产生裂纹。

适用范围：标砖、KP1 砖、七寸头砖。

2. 双码

优点：底层砖不易产生裂纹、减少劳动量。

缺点：极易产生黑心。

适用范围：KP1砖、七寸头砖。

3. 立码

优点：通风量好。

缺点：易变形。

适用范围：非承重砖、大孔砖。

四、码坯的原则

码坯的原则："边密中稀、上密下稀，尽量缩小顶部空间和两侧空间"的原则，以保证气流均布、温度均匀，避免产生过烧和欠火的制品。

五、码放砖坯应注意的事项

1. 码入砖坯的窑车不能过热（特别是夏季高产时），以防止产生急干裂纹；

2. 严格遵循码坯的原则，轻拿轻放，杜绝出现摔坯的现象；

3. 保证窑车的垫砖平整，及时更换损坏的垫砖；

4. 码坯时要前后对正、左右对齐、上下垂直，以保证砖坯的火道畅通、气流均布、温度均匀。

第二节　干燥工艺

一、砖坯干燥的原则和四季干燥曲线图

干燥原则：

（1）低温：入窑的风温不宜太高，应在 $105\sim135℃$ 之间。如果风温太高，容易引起砖坯表面细微裂纹，这样的砖坯进入焙烧窑烧成时，裂纹将进一步扩大，造成制品裂纹。

（2）大风量：能为砖坯提供足够的热量，把大量的潮气及时带出窑外，加速砖坯的干燥。

（3）微正压：减弱气流分层，缩小砖垛的上下温差，以保证整车砖坯的

均匀干燥。

四季干燥曲线：

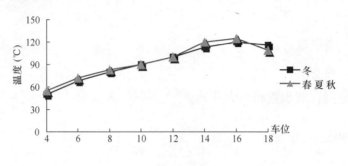

图 4-1　四季干燥曲线

二、砖坯干燥裂纹产生的原因及预防措施

1. 干燥工艺不当

原因：（1）干燥风量、风速过大产生的砖坯裂纹；（2）干燥风温高、周期较短造成的干燥裂纹。

预防措施：（1）严格遵循干燥原则；（2）根据不同的干燥敏感系数确定适当的干燥周期。

表 4-1　干燥敏感性与干燥周期关系表

干燥敏感性系数	干燥周期（h）	干燥敏感性系数	干燥周期（h）
＜1	12～20	1.5～2	26～32
1～1.5	20～26	＞2	32～48

2. 非干燥工艺造成砖坯裂纹

原因：（1）成型原因造成砖坯裂纹：①机口四角与面的挤出速度不均匀；②坯体孔壁厚薄不均匀。（2）泥料原因造成砖坯裂纹：①泥料加水搅拌不均匀，坯体内外层或各部位水分差异大，在干燥过程中因收缩不一致而产生裂纹；②原料掺配不均匀，在干燥的过程中，因各部分收缩不一致而造成裂纹。

预防措施：（1）在机口的四角增设导流槽、芯架放正；（2）均匀掺配、均匀加水，加强搅拌人员的管理力度。

3. 砖坯干燥差的原因及预防措施

情况：干燥室容易产生砖垛上部的砖坯干燥较好，而接近窑车台面的砖坯干燥较差，坯体残余含水率较高。

原因：主要由于窑内气流分层所造成的。气流分层是指窑内空间上下温度不均匀，一般是上部温度高，下部温度低。

预防措施：（1）在设计时，考虑进风口和排风口的位置或采取气幕措施；（2）考虑窑墙和窑顶相对坯垛的距离，砖垛的外侧距离窑墙150mm，砖垛顶部距窑顶90mm。

三、砖坯干燥的四个过程

1. 砖坯的加热干燥阶段：随温度的升高，干燥速度加快，坯体开始收缩，到传给坯体的热量和坯体表面水蒸发所需的热量相同时，进入了等速干燥阶段。

2. 砖坯的等速干燥阶段：干燥最为强烈，外扩散速度大于内扩散速度，形成水分阶梯，导致坯体表面收缩很大；当收缩产生的应力大于坯体强度时，坯体的表面就会形成裂纹。

3. 降速干燥阶段：坯体表面上的水分等于大气的吸附水分时，干燥的速度就会逐渐降低；降速干燥阶段坯体不产生体积收缩，只是增加相应的气孔，此阶段不会产生干燥废品。

4. 等速干燥阶段：在合理的干燥制度下，坯体所含的水分和大气水分平衡时，干燥速度等于0，干燥过程终止。

四、干燥室发生塌坯的原因及预防措施

原因：（1）部分坯垛从上到下像被水淋湿一样。从干燥室排出的潮气在排潮筒的内壁发生冷凝，冷凝水沿筒壁下滴在坯垛上将砖坯湿塌。（2）部分坯垛或整车坯垛从下向上湿软坍塌。干燥窑内大量湿气在往排潮口流经的过程中，温度逐渐降低，当温度达到露点时，即在砖坯的表面产生大量的露水，被露水浸湿的砖坯，当承受不住上部坯垛的压力时，发生坍塌。

预防措施：（1）加强干燥室窑体和窑顶的保温；（2）制定冬季的冻坯、塌坯的应急预案；（3）加强干燥室进车端门的密封，防止冷风进入排潮口而降低排潮温度；（4）提高入窑的风温和风量（排潮口的温度必须大于50℃）。

第三节　焙烧工艺

一、焙烧窑工作原理及合理烧成温度曲线图

工作原理：

（1）预热带：使进入窑内的坯体与从高温带流来高温热介质进行热交换，使坯体的温度不断升高，逐步达到烧成温度。

（2）烧成带：燃烧与从冷却带带来的高温干净空气相结合，燃烧后放出大量的热量，并产生一定量的高温废气。热量被用来维持窑内高温，给砖坯内的各种成分进行物理变化、化学变化、物理化学变化、矿物质化学变化提供能量，废气则放出一部分热量，被送入预热带预热砖坯，最后被排出窑外。

（3）冷却带：被加热的空气一部分进入隧道窑烧成带供燃料燃烧使用，另一部分被抽出，将这部分高温空气送入干燥室进行湿坯干燥。

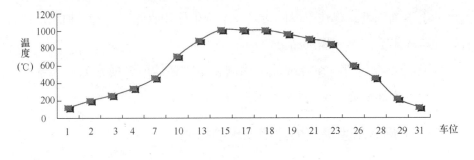

图 4-2　焙烧窑烧成温度曲线图

二、焙烧窑倒垛的原因及预防措施

原因：

（1）隧道窑部分拱顶下沉，坯车运行受阻，引起坯垛顶部和边部甚至全车倒塌。

措施：如局部拱顶下沉，应降低坯垛高度。

（2）坯体过湿发生倒垛。由于进入焙烧窑的坯体干燥残余含水率较高，坯体较湿，强度低，底部坯体承受不住上层重压而产生变形；坯体在预热带吸入凝露水而产生回潮，致使砖坯倒塌。

措施：提高排烟风机的频率、合理调节排烟闸板、预热带缓慢升温。

三、高温点漂移的原因及解决办法

原因：（1）砖坯原料热值不稳定；（2）码坯太密，坯垛通风不良，造成高温点后移；（3）进车速度不稳定，导致高温带前后移动；（4）原料原因造成高温点不稳定。

防治措施：（1）热值控制适中，一旦发现热值高则采取减码或调闸放热。（2）码坯密度要适中，稀码的标准为 220～230 标块/立方米。（3）控制进车速度，提速时要逐步加快，采取低热值稀码快烧的办法提高产量；降速时要采取降低排烟风机频率，减少冷却风机的开启台数，减少供氧量来延缓烧成时间。（4）由于燃料的性质不同，同样的操作方法会使高温点位置不同，主要原因是由于燃料的性质（产热度、着火温度）不同造成的。

四、焙烧窑内出现高温的处理方法

原因：（1）原料的热值过高；（2）用闸方式不合理，码入窑车砖坯多。

造成后果：产品过火，烧坏吊顶板，严重时会出现灭火停窑的恶性事故。

处理方法：（1）打开投煤孔，让冷风进入窑内；（2）开启四台冷却风机，向窑内送入冷风；（3）改变用闸的方式，及时放走多余的部分热量（桥梯式——倒桥梯式闸），提高排烟风机和送热风机的频率，打开冷风口；（4）根据泥料的发热量和进车间隔时间，合理指挥码坯方式。

五、焙烧窑内出现低温的处理方法

原因：（1）原料的热值过低；（2）码坯方式不当或操作不当。

造成后果：产量低、产品欠火，严重时会出现灭火停窑的恶性事故。

处理方法：（1）从投煤孔投煤或木柴；（2）放慢进车速度，低温长烧；（3）降低排烟风机和送热风机的频率，减少冷却风机的开启台数；（4）根据实际情况调节排烟闸板，最好用正桥梯闸，排出烟气的温度最低。

六、排烟闸板的使用与调节方法及注意事项

1. 正梯式闸：由近及远逐渐开大（图4-3）。

（1）优点：热量利用比较充分，预热带升温平稳、火速快、产量高。

（2）缺点：烟气的流程长，烟气在前进的过程中水蒸气的含量会越来越高，由于温度在逐渐降低，砖坯极易吸潮而产生网状裂纹，严重时会造成砖坯吸潮而坍塌。

（3）使用范围：原料的热值相对较低，干燥效果较好的可使用此闸。

切记：砖坯残余含水率过高或投产初期禁用此闸。

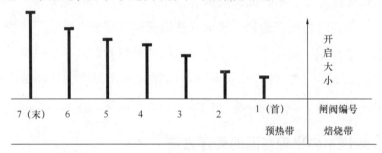

图4-3　正梯式闸

2. 桥式闸：中间为全开，两边各闸开启程度依次减小（图4-4）。

（1）优点：中间开启程度最大，大量水蒸气被及时排出窑外，避免了砖坯吸潮，预热带升温速度快。

（2）缺点：因中间部分闸开启程度大，部分高温烟气被提前排出窑外，使排烟温度较高，部分热量被浪费。

（3）使用范围：原料热值较高，适宜快速出车，砖坯干燥效果不好时也可以使用此闸。

3. 正桥梯式闸：5号闸全开，向高温方向依次减小开启程度（图4-5）。

（1）优点：烟气中的大量热量用来加热大部分预热带砖坯后才被排出窑外，热量利用比较充分，潮湿的水蒸气能及时排出窑外，砖坯不易吸潮。

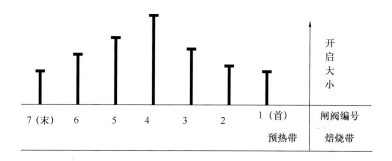

图 4-4　桥式闸

（2）缺点：相比正梯式闸而言，热量利用不够充分。

（3）使用范围：正常生产时尽量使用此闸，砖坯在干燥效果不佳时尽量少用此闸。

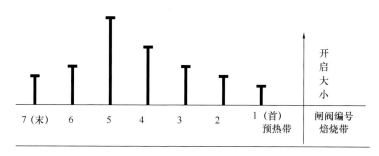

图 4-5　正桥梯式闸

4. 倒桥梯式闸：3 号闸全开，依次向窑头减小开启程度（图 4-6）。

使用范围：正常生产时不使用此闸，只有当入窑砖坯热值较高，高温带和预热带温度过高难以控制时，可以利用此闸放走烟气中的大量热量，以减少过火程度。使用时根据窑内的情况适当调整 1 号、2 号的开启量。

切记：窑炉点火投产时可以采用此闸。

5. 倒梯式闸：由远及近逐渐开大（图 4-7）。

使用范围：原料的热值相对较高，窑内的高温难以控制时可使用此闸，在点火投产时采用此闸可避免塌坯或急干裂纹。

切记：正常生产时严禁使用此闸。

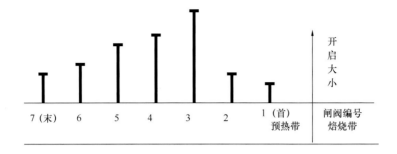

图 4-6　倒桥梯式闸

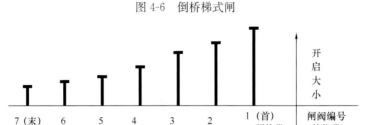

图 4-7　倒梯式闸

七、调节排烟闸板时应注意的事项

1. 排烟闸阀的开启原则是"近小远大"。严禁"近大远小"的倒梯式的操作方法。

2. 调节闸板时，必须先开后关，稳开稳关，循序渐进。切忌大开大关，以免气流急剧波动，影响烧成制度的稳定。

3. 排烟闸板的开启大小，应对称调节，防止出现窑内两侧烟气流速不一致而使两侧的火行速度不一致。如出现火行速度不一致时，应开大慢侧的远闸，加大该侧的烟气流速，使其赶上。

八、销售淡季怎么压火

压火概念：当设备发生故障、码坯供不应求、停电或销售淡季，窑炉就要放慢进车速度，实行压火。

压火方法（突发事故）：

1. 降低排烟风机和送热风机的频率；

2. 放慢进车速度；

3. 减少冷却风机的开启台数，关停冷却风机。

压火方法（销售淡季）：

1. 制定压火计划、原料热值、码坯方法、进车制度；

2. 根据进车时间的长短，降低风机频率，减少冷却风机的开启台数；

3. 根据进车速度，确定截止门是否提起。

九、成品砖裂纹产生的原因及预防措施

1. 原因：窑车底层的不规则裂纹。由于窑车过热，在码放砖坯时急干造成的。

措施：增设卸车位，增加窑车的数量，使窑车有适当的冷却时间。

2. 原因：制品表面产生了发状裂纹（平滑）。冷却速度太快，冷却收缩时内部温差大。

措施：适当控制进车速度；合理调节送热闸板和冷却风机。

3. 原因：烧成制品的头部或纵向中间劈裂。只是因坯垛干燥收缩积累到几块砖坯上造成的，也有因码坯不当压裂的。

措施：将窑车纵向一大坯垛分成 2～3 个小垛，以减少坯垛收缩积累量。

4. 原因：烧成制品表面产生炸纹（粗糙）。干燥残余含水率太高，预热带升温过快。

措施：延长预热带，合理调节排烟闸板，减缓升温速度。

十、欠火砖产生的原因及预防措施

1. 整车砖欠火原因：原料热值低，未达到烧成温度，使制品黄哑无声、砖色浅、机械强度低、吸水性大，不符合建筑使用要求。

预防措施：合理地掺配原料的热值和指挥码坯方式，采取低温长烧的方法。

2. 窑车中间过火两侧欠火原因：码坯太密，坯垛内通风量小、火度偏高，致使中间部分过火；两侧砖距窑墙距离较远，边部间隙大，通风量大，未达到烧结温度，砂封槽缺砂，两侧出现欠火砖。

防治措施：严格遵循码坯的原则，尽量缩小窑车两侧的距离；每班巡查砂封槽是否缺砂，防止冷空气侵入窑内。

十一、成品砖过火产生的原因及预防措施

原因分析：（1）烧成的温度偏高或高温持续的时间过长；（2）码坯太密，坯垛内通风量小；（3）原料的热值太高。

预防措施：（1）严格控制隧道窑的烧成温度，达到原料要求的烧成温度范围内；（2）根据生产情况，合理地配置原料的热值和码坯方式；

十二、黑心砖产生的原因及预防措施

1. 砖压搓或叠码处黑心

原因：窑内通风量不足、氧化气氛不足造成的；另外较软的砖坯在压搓或叠码处变形或粘结，颗粒间的毛细孔堵塞，氧气难以进入，形成黑心。

防治措施：加大窑内通风量，确保形成强氧化气氛，提高码坯质量。

2. 预热带升温速度快形成黑心

原因：预热带升温速度较快，砖坯表面液相过早形成，颗粒间的毛细孔被堵塞，阻碍了高温下碳化物的燃烧，进而形成黑心。

防治措施：控制好预热带的升温速度，确保高温下碳化物的充分燃烧。

十三、成品砖石灰爆裂的原因及预防措施

原因：原料中的 CaO 含量较高，泥料的大颗粒较多，在烧成过程中会生成石灰石，制品出窑后生石灰在大气中受潮和水发生化学反应，生成熟石灰。其体积膨胀达 1.5～3.5 倍，当体积膨胀产生的压力大于制品强度时，便导致制品表面爆裂或使制品表面剥落，严重者将会使制品粉碎。

措施：（1）控制粒度。CaO 含量高的泥料，粒径控制在 1mm 以下；（2）加强焙烧，提高成品砖的强度。将烧成温度提高 30～50℃，增强烧成和保温时间，使石灰石与二氧化硅完全发生化学反应生成硅酸盐；（3）水淋消解，将出窑的砖进行淋水。

十四、冬季如何提高砖坯合格率

1. 根据生产情况适当提高泥料的发热量。

2. 提高原料的塑性：原料的塑性太差会造成坯体质量差、机械强度低，抵抗裂纹的能力就差，特别是在冬季；煤矸石、页岩等可降低其粒度增加塑性，也可采用增加增塑剂的方法。

3. 调整粒径的组成，确保颗粒级配合理。

4. 陈化条件要充分：陈化必须具备的四个条件即粒度、水分、时间、温度缺一不可。粒度越小，陈化效果会越好；原料的含水率要满足陈化需求；陈化时间必须保证在 72 小时以上；陈化库环境温度也应保持在 10 ℃以上（特别是冬季）。

5. 确保成型砖坯进干燥室前不冻坯。

中国建材工业出版社
China Building Materials Press

我们提供 |||

图书出版、图书广告宣传、企业/个人定向出版、设计业务、企业内刊等外包、代选代购图书、团体用书、会议、培训，其他深度合作等优质高效服务。

编辑部 |||	宣传推广 |||	出版咨询 |||	图书销售 |||	设计业务 |||
010-88385207	010-68361706	010-68343948	010-88386906	010-68361706

邮箱：jccbs-zbs@163.com　　　网址：www.jccbs.com.cn

发展出版传媒　　服务经济建设
传播科技进步　　满足社会需求

科新墙材
KEXINQIANGCAI

做中国卓越的环保砖厂！

安徽省建材工业设计院是安徽省建设厅于1984年批准成立的全民所有制企业，是集建筑工程设计、勘察、咨询、建材工业设计、施工工程技术服务于一体的综合性设计单位，拥有国家建材工业乙级设计资质、建筑工程乙级设计资质、工程勘察乙级资质、咨询乙级资质。科新墙材分院下设设计部、工程部、电气部、综合部、化验室，拥有多项技术发明专利，着力推广"新型内燃烧结砖成型制作新工艺、新型高效节能环保型隧道窑设计工艺"两个核心技术，设计建设一流的制砖生产线，出精品，树形象，创品牌，实现节能环保和可持续发展。科新墙材分院依托总院综合实力，主要从事砖厂生产线设计、窑炉设计施工、工程总承包业务，以及工程勘察、技术咨询、技术改造、技术服务、技术培训。科新墙材力图做创新、研发型设计院，研究推广垃圾资源化利用技术，以市政污泥、印染污泥、造纸污泥、清淤污泥、煤渣、煤灰、建筑垃圾、基坑土等为原料来制砖。

三项专利技术

一、新型内燃烧结砖生产线成型制作工艺设计
（专利号：201310475143.3）

二、烧结砖生产线小断面隧道窑循环可调式通风系统
（专利号：201410156983.8）

三、烧结砖生产线大断面隧道窑循环可调式通风系统
（专利号：201410156860.4）

中国砖瓦论坛

专业技术论坛，砖瓦人的俱乐部！
共同的事业，共同的家园！
为您提供一个能够相互交流信息的平台；
共叙友情、相互学习、共同提高的平台；
共谋发展、成就事业的平台。

网址：http://www.zhuanwa.cc

地址：山东省邹城市西外环
邹城大学科技工业园

邮编：273500
电话：0537-5188889　总机
传真：0537-5188889-807

客服热线：400-058-1085
邮箱：kxqcfy@163.com
科新墙材网址：www.kxqcy.com

山东盘龙成工控科技有限公司

——打造砖厂"自动化、信息化、智能化"领先品牌

「公司」简介

山东盘龙成工控科技有限公司以工业控制技术为主，集科技研发、生产销售、工程施工于一体，迎合制砖行业"自动化、信息化、智能化"发展需求，提供先进可靠的自动化控制系统配套设备。

公司拥有一批高科技研发设计人员和素质优良的生产装配及工程施工队伍，依托山东省科学院自动化控制技术专家、曲阜师范大学自动化研究所自动化技术团队，不断创新发展。

公司成功研制并应用自动码坯控制系统、窑炉温度监控系统、自动加水控制系统、自动配料控制系统等自动化控制项目，实现了自动化控制系统的安全性、稳定性、经济性，力争"做中国领军的砖厂全自动化控制系统"。

公司恪守"以客户需求为中心，以科技创新为先导，以产品质量求生存，以诚实守信求发展"之理念，持续为客户创造价值。

面对机遇和挑战，"盘龙成"与您相伴。

公司地址：山东邹城经济开发区

销售热线：0537-5195558-800　　传真号码：0537-5195558-807

公司网址：http://www.plcteam.cn　　电子邮箱：plcteam@163.com

自动化系统制作专家

为您提供一次码烧、二次码烧全自动切码运系统解决方案

● 框架式自动码坯系统

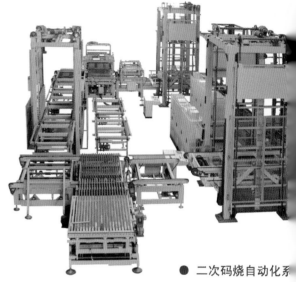

● 二次码烧自动化系统

◆ 高掺量粉煤灰、煤矸石、页岩、工业废渣、污泥及其他低塑性原料生产烧结空心砖的技术与装备。

◆ 引进意大利COSMEC技术的二次码烧切码运系统、一次码烧切码运系统、自动码坯机、码坯机器人、自动卸垛系统、捆扎打包系统、倒角切割机、砌块切割机、真空挤出机系列、破碎机系列及其他配套辅助设备等。

◆ 新型建材领域整套装备与技术

◆ 陶粒制作装备

◆ 板材制作装备

◆ 可向用户提供整体项目交钥匙工程

● 机器人自动码坯系统

● 双泥条真空挤出机

● 四辊除石破碎机

● 自动捆扎机

● 子母车

● 单层卸垛机

企业简介 INTRODUCTION

湖北华夏窑炉工业（集团）有限公司

　　湖北华夏窑炉工业（集团）有限公司是我国窑炉行业的先导，创建于1981年，现为国内规模大、实力强，集窑炉科研设计、加工制造、施工安装与调试一体化服务的国家一级资质窑炉专业企业、国家乙级设计资质单位。公司作为窑炉制造的市场经营主体，全力推行体制创新、机制创新、管理创新和技术创新。公司以人为本，规范运作，紧贴WTO国际化运作模式。拥有员工五千多人，固定资产八千多万元。

　　企业市场宽广，业务遍及国内三十多个省、市、自治区，并出口东南亚、中亚、西亚、非洲等多个国家和地区。公司先后承建的砖瓦隧道窑、环保烧结隧道窑、建筑陶瓷隧道窑等均为我公司拳头公司。公司自行研制开发出符合我国国情的多个先进窑炉系列及配套产品，其中应用于日用瓷生产的明焰烧成装配式辊道窑项目被定为中国火炬计划项目，6项产品获得国家科研技术奖励。公司同意大利、德国、波兰、法国、澳大利亚、韩国、美国及中国香港、中国台湾等国家和地区的同行有广泛的友好合作和业务往来。

　　公司先后被评为"中国建筑业最佳经济效益企业""国家火炬计划重点高新技术企业""国家重合同守信用单位""国家级文明单位"。在创业发展中，公司始终本着"质量第一，用户至上"的经营服务宗旨，始终以"中国华窑，可信可靠"为企业发展理念，为开创窑炉事业的新天地，谱写更加辉煌的篇章。

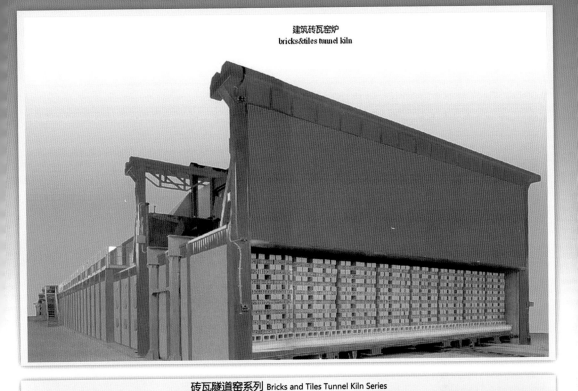

建筑砖瓦窑炉
bricks&tiles tunnel kiln

砖瓦隧道窑系列 Bricks and Tiles Tunnel Kiln Series

湖北华夏窑炉工业（集团）有限公司
地　址：湖北省黄冈市宝塔大道166号
邮　编：438000

电　话：(+86)-713-8691522　8691207
传　真：(+86)-713-8691099
网　址：www.hykiln.com

王旺林 (+86) 13508658668
胡斯友 (+86) 13907250140

東莞市孺子牛机器人有限公司
DONGGUAN RUZINIU ROBOT CO.,LTD

孺子牛

C 公司简介
OMPANY INFO

　　东莞市孺子牛机器人有限公司 是一家重型智能装备制造企业，目前公司有两款产品应用在砖瓦行业——隧道窑和旋转窑的机器人码坯生产线、打包生产线。

机器人码坯生产线

红砖打包生产线

红砖打包生产线

Tel: 0086-0769-82181088/82181788/82181698/82181728/82181918
Fax: 0086-0769-82986900   http://www.rzn-china.com
E-mail: rzn@china-rzn.com   地址:广东省东莞市横沥镇半仙山工业区

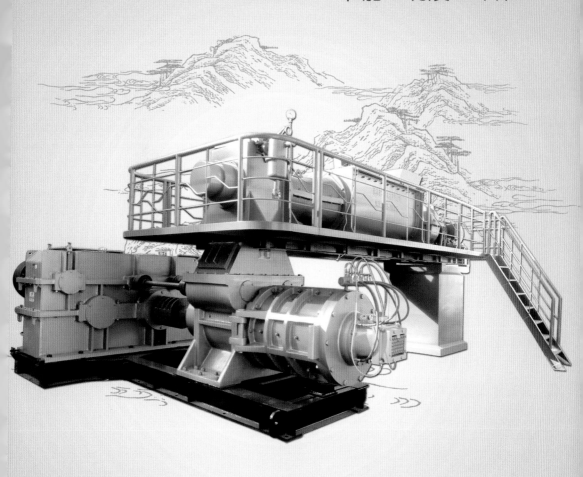

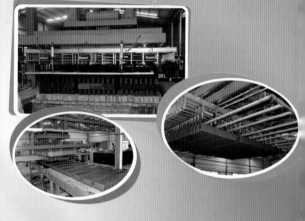